DK 621.747:621.921.24

FORSCHUNGSBERICHTE
DES LANDES NORDRHEIN-WESTFALEN

Herausgegeben durch das Kultusministerium

Nr. 801

Baurat Dipl.-Ing. Waldemar Gesell
Staatliche Ingenieurschule für Maschinenwesen, Duisburg

Ersatz von Quarzsand als Strahlmittel

Als Manuskript gedruckt

WESTDEUTSCHER VERLAG / KÖLN UND OPLADEN

1960

ISBN 978-3-663-03638-8   ISBN 978-3-663-04827-5 (eBook)
DOI 10.1007/978-3-663-04827-5

Der Dank des BERICHTERS

gilt all denen, die zum Erfolg dieser Arbeit beigetragen haben. Sein besonderer Dank gilt den Herren der Firma I, die in unermüdlicher Geduld allen Wünschen gefolgt sind und ihren Betrieb im Laufe von zwei Jahren ständig zur Verfügung stellten.

Der Berichter dankt vor allem

    dem Lande Nordrhein-Westfalen,
        ohne dessen finanzielle Hilfe sich die Versuche nicht hätten realisieren lassen,

    dem Arbeitsministerium des Landes NRW,
        das zum Schluß eine zusätzliche Hilfe zusagte, so daß der Abschluß ohne Geldsorgen geplant werden konnte,

    den Herren Gutachtern des Beratungsausschusses
        für das Vertrauen in den Erfolg der Arbeit,

    Herrn Dipl.Ing. LÖBBECKE, Wirtschaftsministerium NRW,
        für die Betreuung im Rahmen des Forschungsprogramms,

    Herrn Regierungs-Direktor Dr. KOCH, Bundes-Institut für Arbeitsschutz, Koblenz,
        für die gegebenen Anregungen,

    den Herren Professoren Dr. WINKEL und Dr. SCHMIDT, Staubforschungs-Institut der gewerblichen Berufsgenossenschaften, Bonn,
        für die Anregungen und die Untersuchung der gesamten Proben auf Silikose-Gefährlichkeit,

    Herrn Staatl. Gewerberat GRONEMANN, Essen,
        für die laufende Zusammenarbeit,

    den Herren Direktor KLEBISCH und Obering. TRIEBEL, Essen,
        für das ständige Eingehen auf die Versuchswünsche,

    den Herren Obering. SEND und Ing. KAISER, Duisburg,
        für das Erstellen geeigneten Versuchsmaterials,

    Herrn Obering. GAEBEL, Hattingen,
        für die freundschaftliche Hilfe durch unermüdliche Arbeit bei der Durchführung vieler betrieblicher Einzelprüfungen,

den Firmen

    AHLMANN, Andernach

    BASALT-AG., Linz

    BUDERUS'SCHE EISENWERKE, Wetzlar

    ERBSCHLOE & CO., Remscheid

    FICHTEL & SACHS, Kitzingen

    GERRESHEIMER GLASHÜTTE, Düsseldorf

    KÜPPERSBUSCH, Gelsenkirchen

    MANNESMANN AG., Düsseldorf.

Darüber hinaus ist noch vielen Herren und Firmen zu danken, die durch Anregungen und Überlassungen von Proben zu den Versuchen beitrugen.

Nicht zuletzt dankt der Berichter seinen vorgesetzten Dienststellen, die der Arbeit ihr Wohlwollen entgegenbrachten.

Gliederung

1. Geschichtliches . . . . S. 7

2. Grundlagen der Versuchsdurchführung . . . . S. 9
   21. Stand der Erkenntnisse über Strahlmittel . . . . S. 9
   22. Umfang des Einsatzes mineralischer Strahlmittel . . . . S. 14

3. Labor-Versuche mit mineralischen Strahlmitteln . . . . S. 20
   31. Versuche in der Versuchs-Schleuderstrahl-Kabine "Duisburg" S. 20
   32. Versuche in der Versuchs-Druckluftstrahl-Kabine . . . . S. 35
   33. Hygienische Begutachtung der Strahlmittel . . . . S. 50

4. Betriebsversuche . . . . S. 53
   41. Vorbemerkung . . . . S. 53
   42. Versuche mit Glaskies . . . . S. 54
   43. Versuche mit Hochofenschlacke . . . . S. 58
   44. Versuche mit Basalt . . . . S. 61

5. Schlußbetrachtungen . . . . S. 63

6. Literaturverzeichnis . . . . S. 65

1. Geschichtliches

In der Oberflächenbearbeitung von Werkstücken aller Art tritt das Strahlen als Verfahrenstechnik zunehmend in Erscheinung. Es ist eine Bearbeitungsmethode, bei der meist ein körniger Stoff oder auch eine Flüssigkeit, das Strahlmittel, auf die Oberfläche geschleudert wird. Dies bearbeitet die Oberfläche oder erzeugt den gewünschten Arbeitserfolg.

Ausgang der Entwicklung war die Erfindung von General Benjamin CHEW TIGHMAN (USA), der 1871 sich ein Verfahren patentieren ließ, bei dem "ein Strahl von Sand oder anderem, stärker angreifendem Pulver, - gewöhnlich im trockenem Zustand, bisweilen auch mit Wasser vermischt, - mit größerer oder geringerer Kraft gegen den zu bearbeitenden Gegenstand geblasen wird" [1]. Das Verfahren, das vor der Jahrhundertwende bereits bei uns Eingang fand, erhielt damals den Namen "Sandstrahlen", da vornehmlich nämlich Quarzsand als Strahlmittel eingesetzt wurde. Durch die Erweiterung der Verfahrenstechnik ist heute hierfür kennzeichnender "Druckluftstrahlen" zu setzen. Zwar ist in den frühesten Literaturquellen [2] bereits angeführt, daß auch metallische Körnungen und andere mineralische Stoffe verwendet werden, doch bleibt sonderbarerweise in Deutschland Quarzsand bis zum Ende der zwanziger Jahre praktisch das einzige Strahlmittel in Verbindung mit den bis dahin nur bekannten Druckluftstrahlanlagen.

Als sich zu Beginn der dreißiger Jahre das Schleuderstrahlen Bahn bricht, kann dies meist wirtschaftlich günstigere Verfahren dadurch zum Tragen kommen, daß seit etwa 1925 die Hersteller von Hartgußschrot und -kies, vornehmlich die Firma Julius WÜRTH und ihr Betriebsleiter Dr.-Ing. WOCHINGER, Bad Friedrichshall-Jagstfeld, sich um Einführung dieses Stoffes als Strahlmittel bemühen. Mineralische Strahlmittel sind in Schleuderstrahlanlagen praktisch nicht verwendbar, da sie in kürzester Zeit zu Staub zerschlagen werden. Somit ist für das Schleuderstrahlen vornehmlich ein metallisches Strahlmittel Voraussetzung.

Das Hartgußstrahlmittel - bis vor kurzem fälschlich unter dem Namen "Stahlsand" im Umlauf - drängte in Verbindung mit dem Einsatz der Schleuderstrahlanlagen den Quarzsand erheblich zurück. Doch konnte dieser nicht völlig ausgeschaltet werden. Schon in den Einführungsjahren des Hartgußstrahlmittels haben die interessierten Hersteller, vornehmlich wiederum die Firma J. WÜRTH, eindringlich darauf verwiesen, daß der Ersatz des Quarzsandes aus Gesundheitsgründen zwingend durchzuführen sei.

Sie weisen auf die Gefahr der Silikose hin und erreichten einen Erlaß
des Preußischen Ministers für Wirtschaft und Arbeit vom 6.Februar 1934
[3], in dem dieser die Verwendung von "Stahlsand" für "Sandstrahlgebläse"
empfiehlt. Der Erlaß des Preußischen Ministers für Wirtschaft und Arbeit
III C 526/34 Pr.M.f.W.u.A. - III a 1 209/34 M.d.J. vom 6.2.1934 hat im
ersten Absatz folgenden Wortlaut:

> In den Berichten der preußischen Gewerbeaufsichtsbeamten und Bergbehörden für die Jahre 1931 und 1932 werden von verschiedenen Seiten
> die erheblichen gesundheitlichen Gefahren hervorgehoben, denen die
> Arbeiter an Sandstrahlgebläsen bei Verwendung von Quarzsand (Flußkies)
> ausgesetzt sind. Die in einem Bezirk durchgeführte Untersuchung von
> 125 Grauguß- und Stahlgußputzern ergab bei 69,5 v.H. der Untersuchten
> Staublungenerkrankungen. Offene Lungentuberkulose wurde bei 8 v.H.
> der Untersuchten gefunden. Von 44 Eisenputzern hatten 15,9 v.H. Silikose II bis III, von 55 Stahlputzern sogar 32,7 v.H. (vgl.Jahresberichte 1931/32 S.377/78). Diese Feststellungen und die in den Fachzeitschriften häufiger wiederkehrenden Abhandlungen +) über die Verwendung von Stahlsand (Stahlkies) anstelle von Quarzsand in Sandstrahlgebläsen geben mir im Zusammenhang mit einer Anregung des Herrn
> Reichsarbeitsministers Veranlassung, auf die hygienische Bedeutung
> der Benutzung von Stahlsand und auf dessen Verwendungsmöglichkeiten
> hinzuweisen.

Danach wird in diesem Erlaß die technische Einsatzmöglichkeit des Hartgußstrahlmittels auf Grund der damaligen Erkenntnisse eingehend dargestellt, um die "Beamten der allgemeinen Gewerbeaufsicht und die Gewerbemedizinalräte anzuweisen, bei der Besichtigung einschlägiger Betriebe
auf die Verwendungsmöglichkeiten des Stahlsandes aufmerksam zu machen".

Weitgehend hat die infragekommende Industrie sich auf den Einsatz metallischer Strahlmittel umgestellt. Jedoch ist noch ein nennenswerter Anteil von Druckluftanlagen vorhanden, in denen auch heute noch mit Quarzsand gestrahlt wird.

Drei Gründe werden hierfür in der Regel angeführt:

> Beim "reinen" Freistrahlen, also dem Druckluftstrahlen außerhalb von
> Kabinen, läßt sich kein Strahlmittelkreislauf erzeugen, so daß nach
> einmaligem Durchsatz durch die Strahldüse das Strahlmittel verlorengeht (z.B. beim Entrostungsstrahlen von Brücken). Hier ist aus wirtschaftlichen Gründen nur das billigste Strahlmittel verwendbar, wofür bisher nur Quarzsand als möglich angesehen wird.

Verschiedene Aufgaben, z.B. das letzte Strahlen vor dem Emaillieren, das Dekapieren, können aus technischen Gründen nur mit einem dem Email artverwandten Strahlmittel durchgeführt werden.

Für bestimmte Aufgaben, z.B. dem Strahlen von Edelstählen, sei ein besonders angreifendes Strahlmittel erforderlich, was durch metallische Strahlmittel nicht erfüllbar sei.

Diese hier aufgezeigten Einsatzgebiete der Strahlverfahrenstechnik darauf zu untersuchen, in welchem Umfang und in welcher Weise der Einsatz von Quarzsand ausschaltbar ist, stellt das Anliegen der nachfolgenden Untersuchungen dar.

2. Grundlagen der Versuchsdurchführung

21. Stand der Erkenntnisse über Strahlmittel

Entsprechend der wirtschaftlichen Zielsetzung der industriellen Fertigung kann ein Hilfsstoff nur dann eine eingehende Betrachtung erfahren, wenn sein Einsatz einen nennenswerten Kostenanteil an der Gesamtfertigung besitzt. In diesen Fällen zwingt die Bedeutung des Stoffes zu angewandter Forschung, um sich schließlich zur Grundlagenforschung auszuweiten. In fast all den Industriezweigen, in denen die Strahlverfahrenstechnik bis etwa 1950 - 1952 Eingang gefunden hatte, war sie eine nicht allzu umfangreich angewendete Arbeitsmethode. Als Ausnahme hierzu ist das Putzen in der Gießerei anzusprechen. Dort beträgt der Anteil der Strahlmittelkosten etwa 1 - 1,5% des Fertigpreises oder zwischen 2 - 3% der erforderlichen Roh- und Hilfsstoffkosten. In Verbindung mit diesem Gebiet ist deshalb die Beschäftigung mit den Strahlmitteln eine Notwendigkeit. Somit ist es weiter erklärlich, daß sich jüngst das Walzwerkswesen gleichfalls um die Strahlmittel bemüht, da sich etwa seit der gleichen Zeit das Strahlen als Ersatz des Beizens immer stärker durchsetzt.

Wenn auch zwischen den beiden Kriegen die Entwicklung in den deutschen Gießereien vom meisterlich geführten Betrieb zur industriellen Erzeugung bereits weit vorangeschritten war, so ist doch die Erkenntnis dieser Tatsache erst um 1950 zum Allgemeingut der Anschauung geworden. Seit dieser Zeit wird der maschinellen Einrichtung der Gießerei eine gleichrangige Bedeutung neben den anderen Aufgaben zugeschrieben. Daher läßt sich erklären, daß bisher nur metallurgische und daraus abgeleitete Fragen Gegenstand wissenschaftlicher Gießerei-Forschung waren. Somit hat leider das Gießerei-Maschinenwesen, dem die Putzaufgaben zugeordnet sind, in Deutschland auch keine eigene hochschulmässige Lehrstätte. Ein aus der Praxis erwachsenes Lehrbuch hierfür steht gleichfalls nicht zur Verfügung. Denn die beschreibende Darstellung des Gießerei-Maschinenwesens und damit der Putzerei im Handbuch der Eisen- und Stahlgießerei [4] von C.GEIGER mit seiner Auflage aus dem Jahre 1928 erschien praktisch zu Beginn der modernen Strahlverfahrenstechnik. Somit ist es erklärlich, daß die Strahlmittel nur wenig behandelt wurden.

Mit Einführung des Faches Gießereimaschinen in der Fachrichtung Gießereiwesen der Staatlichen Ingenieur-Schule, Duisburg im Jahre 1950 als Lehrgebiet, sah sich der Berichter als Dozent dieses Gebietes genötigt, sich über die Grundlagen dieses Kapitels der Werkzeugmaschinen einen Überblick durch eingehende Literaturstudien und persönliche Informationen und Unterweisungen zu schaffen. Dabei konnte die Notwendigkeit nicht übersehen werden, neben den Maschinen sich auch mit ihren Werkzeugen, den Strahlmitteln, zu befassen.

In der deutschen Literatur sind vornehmlich Untersuchungen über den Strahlverschleiß, also über die Wirkung von Strahlmitteln auf das zu bearbeitende Werkstück, anzutreffen [5,6,7,8]. Hierbei macht die Wirkung von festen Strahlmitteln meist nur einen kleinen Teil der Untersuchungen aus. Es wird also nicht die Änderung der Form und der Größe des Strahlmittels selbst einer Betrachtung unterzogen. Diese geht in die Lebensdauer des Strahlmittels beim Strahlen ein und wird gelegentlich mit "Verschleißprüfung des Strahlmittels" bezeichnet. Daraus ergab sich sicher jüngst eine Zuordnung der Lebensdauerprüfung der Strahlmittel zur allgemeinen Verschleißprüfung. Die Parallelen beider Vorgänge scheinen vorerst nicht eindeutig vorhanden zu sein, so daß diese Zuordnung sicher noch abzuklären sein wird.

Die Gießerei-Literatur der dreißiger Jahre gibt im deutschen Bereich wohl keinen Anhalt über Strahlmittelprüfungen oder -beurteilungen. In England befassen sich J.E.HURST und Mitarbeiter bereits mit Untersuchungsmethoden [9,10]. Neben der physikalischen und metallkundlichen Prüfung wird dabei auf den betrieblichen Vergleichsversuch und auch auf einen Laborversuch mit betriebsähnlicher Maschine verwiesen. HURST kommt dabei zu der Erkenntnis, daß die Ergebnisse zwar einen Vergleich der verschiedenen Strahlmittelsorten zulassen, ohne jedoch Rückschlüsse auf den absoluten Verbrauch bei anderen Putzarbeiten zu gestatten. 1948 faßt HURST seine Erkenntnisse in einer weiteren Arbeit [11] zusammen und schlägt ein Prüfgerät und eine Kennziffer als "Crushing Index" vor. Es handelt sich um einen Fallhammer, der eine Probe in einer Schabottenvertiefung zermalmt. Der Zerkleinerungsgrad wird als Maß der Prüfung benutzt. Das Verfahren wird von HURST zur Fabrikationsüberwachung bei Hartgußstrahlmitteln der Firma "BREADLEY AND FORSTER" eingesetzt. Sicher ist keine Parallele zum betrieblichen Einsatz von Strahlmitteln gegeben. Dazu läßt sich das Verfahren nur auf spröde Werkstoffe anwenden, so daß ein umfassender Vergleich aller möglichen Materialien nicht gegeben ist. Somit schlägt F.W.NEVILLE [12] vor, eine Prüfkabine mit Druckluft-Strahlanlage zu benutzen, und laufend durch Siebung die Änderung der Korngröße festzustellen. Diesen Hinweis benutzte der Berichter, um eine Schleuderstrahlkabine mit Betriebs-Schleuderrad für seine späteren Versuche einzusetzen. Grundsätzliche Erkenntnisse oder Darlegungen über den Versuchsablauf werden in den bekannten Veröffentlichungen nicht gegeben, so daß wohl über die Verfahrenstechnik der Prüfung Vorstellungen vorhanden sind, ohne aber daraus Erkenntnisse allgemeiner Art abzuleiten.

Die Entwicklung der Prüftechnik in den USA nahm ihren Ausgang, als am 25.2.1943 unter J.O.ALMEN eine Arbeitsgruppe der SAE beschloß [13], Normen für Strahlmittel zum Kugelstrahlen aufzustellen und eine Prüfmethode der Lebensdauer der Strahlmittel zu entwickeln. Das Kugelstrahlen zur Erhöhung der Dauerfestigkeit, vornehmlich von Motorenteilen, war für die Kriegsproduktion von großer Bedeutung, so daß sich hier wiederum der Zusammenhang zwischen betrieblicher Notwendigkeit und angewandter Forschung ergibt. Es wurden vier verschiedene Prüfmaschinen entwickelt. Eine erste zusammenfassende Darstellung der Prüf- und Untersuchungsmethodik bringen RILEY, PARK und SOUTHWICK [14]. Eine etwa gleichartige Darstellung findet sich dann im SAE-Manual on Blast-Cleaning [15]. Die umfassendste Darstellung enthält wohl das Informationsbuch "M D Blue Book" der Harrison Abrasive Division, Metals Disintegrating Co. Inc. Elizabeth B, New Jersey. Hauptanliegen der angestellten Überlegungen war nach all den Unterlagen vornehmlich, ein Prüfgerät für die Abnahme des Materials bei Kauf und während der Verwendung beim Kugelstrahlen zu erstellen. Es läßt sich kaum sagen, daß die Entwicklung bereits bis zum Beginn einer Grundlagenforschung fortgeschritten ist, zumal noch wesentliche Meinungsverschiedenheiten über die Aussagefähigkeit der Prüfergebnisse bestehen, wenn verschiedene Typen der Prüfmaschinen verwendet werden.

Um zu vermeiden, daß sich verschiedene Prüfmethoden auch noch neben unterschiedlicher Ausbildung der Prüfmaschinen einführen, benutzt der Berichter die in den USA üblichen Verfahren der Lebensdauerprüfung. Es wird eine Betriebsvergleichsmessung durchgeführt, bei der die Verbrauchszahlen des Strahlmittels in der Zeiteinheit für eine bestimmte Betriebsmaschine und bei gleicher Strahlaufgabe verglichen werden. Im Laborversuch lassen sich drei Verfahren durchführen. Wird der Betriebsversuch nachgeahmt, so ergibt sich eine theoretische Betriebslebensdauer. Hierbei wird das zu untersuchende Strahlmittel nach bestimmter Durchlaufzahl gesiebt und Körnungen ausgeschieden, die auch im Betrieb durch die Absaugung ausgetragen werden. Der Verlust an Einsatzgewicht wird durch neues Prüfgut ersetzt. Als Kennwert dient dann die Anzahl Durchläufe, die erforderlich ist, bis eine bestimmte Menge, meist die Einsatzmenge, einmal ersetzt worden ist. Da diese Methode, wie auch der Betriebsversuch, viel Zeit in Anspruch nehmen, so werden kürzere Verfahren bevorzugt. Die Einsatzmenge wird solange gefahren, bis ein bestimmter Anteil zerschlissen oder zerschlagen ist. Nach Reihenuntersuchungen der Firma AMERICAN WHEELABRATOR AND EQUIPMENT CO. [14] wurde vorgeschlagen, daß die Anzahl Durchläufe als Kennwert angegeben werden sollte, bei der 55% des Ausgangsmaterials zerschlissen oder zerbrochen sind und durch das Sollsieb der eingesetzten Körnung durchfallen. Diese Methode kann als drittes Verfahren nun in unzähligen Variationen angewendet werden. Als eine spezielle Abwandlung ist es möglich, daß die Prüfung so lange durchgeführt wird, bis praktisch alles Material durch ein Kleinstsieb fällt, daß der Korngröße entspricht, bei der das Material auch in der Betriebsmaschine durch die Absaugung ausgeschieden wird. Damit würde der völlige Verbrauch als Kennwert eingeführt werden. Dies ist jedoch kaum realisierbar, da auch hier die Versuchsdauer wieder zu groß wird. Die häufigste Methode ist die zweite Labormethode, bei der die Einsatzmenge so lange gefahren wird, bis ein bestimmter Anteil durch das Sollsieb gefallen ist. Der Berichter nimmt hier als Restkornanteil 45%, in Übereinstimmung mit den ersten Vorschlägen aus den USA.

Die Anfangs-Erkenntnisse seiner Versuche legte der Berichter in der "Gießerei" dar [16] und verwies auf die Schwierigkeiten, die bei den Versuchen sichtbar wurden. Über Einflußgrößen bei der Prüfung wird auf Grund laufender Versuche in einer weiteren Arbeit zu berichten sein. Die Prüfung mit Hilfe der Prüfmaschine der Firma Georg Fischer AG., Schaffhausen stellt Prof.E.BICKEL [17] dar und faßt die bisher bekannten Erkenntnisse der Strahlmittel-Prüfung zusammen. Sicher wird die Entwicklung dahin gehen, diese dort beschriebene Maschine zur Grundlage einer Standardprüfeinrichtung zu machen. Für das spezielle Strahlmittel Drahtkorn gibt H.KRAUTMACHER [18] Grundlagen-Darlegungen, die somit Erkenntnisse aus der Diskussion um die Prüfmethodik ziehen.

Für die Strahlmittel sind also Vorschläge vorhanden, in welcher Weise eine Prüfung der physikalischen und metallkundlichen Eigenschaften erfolgen soll. Für die Lebensdauer- und Wirkprüfung sind alle erforderlichen Prüfungsmethoden als umrissen anzusehen. Über bestimmte Einzelheiten der Durchführung und insbesondere über den Aussagewert der gemessenen Ergebnisse werden noch erhebliche Untersuchungen anzustellen sein. Als Voraussetzung sind erst einmal einheitliche Prüfungsgrundlagen zu schaffen. Diese müssen, trotz der Einheitlichkeit der Einrichtung und Durchführung, ermöglichen, daß mit ihnen die heute schwebenden Fragen erarbeitet werden können. Durch die Beschränkung auf die Untersuchung der theoretischen Lebensdauer sind bisher nur für diese Verfahren bestimmte Zusammenhänge zwischen verschiedenen Strahlmittelarten und -Körnungen erarbeitet. Jedoch müssen diese als Beginn einer umfassenden Untersuchung gewertet werden. Zusammenhänge, die sich aus der Materialart, der Härte und anderen Eigenschaften ergeben, sind nur richtungsweisend bekannt. Schließlich werden Vorarbeiten getroffen, um durch Normung zu einheitlichen Begriffen und Kennzeichnungen der Strahlmittel und der Strahlverfahrenstechnik zu kommen.

Da die aufgeführten Methoden und Verfahren sich praktisch in der Regel mit metallischen Strahlmitteln befaßten, so konnten daher auch all die Kenntnisse hierüber nur bedingt auf die Durchführung der vorgesehenen Versuche mit mineralischen Strahlmitteln bezogen werden. Schließlich erschien es deshalb nötig, die endgültige Beurteilung eines Materials im abschließenden Großversuch in der Betriebsmaschine durchzuführen.

Der Anstoß, sich verstärkt mit mineralischen Strahlmitteln zu befassen, kam vom Verein Deutscher Emailfachleute. Dieser hatte schon seit langem die Frage gestellt [19], ob für das Dekapieren, also dem letzten Strahlen vor dem Emaillieren, Quarzsand als Strahlmittel unumgänglich nötig sei. Bei Durchdenken der anliegenden Aufgaben kam der Berichter zu dem Schluß, daß es sinnvoll ist, diesen Fragenkomplex in den Mittelpunkt der Untersuchungen zu stellen. Bestärkt wurde diese Auffassung dadurch, daß der "Centrale Dienst der Arbeidsinspectie" der Niederlande bei der Diskussion des Ersatzes von Quarzsand sich auf den gleichen Standpunkt stellte. Die Niederlande verboten ab 1.8.1957 das Strahlen mit Quarzsand und wollen die Erlaubnis des Einsatzes nur in Sonderfällen geben, wenn keine andere Möglichkeit zur Durchführung der Arbeit besteht. Die

deutschen Berufsgenossenschaften und die deutsche Gewerbeaufsicht sind
der Überzeugung, daß die Einsicht der Benutzer dieses gefahrbringenden
Strahlmittels dazu führt, ein anderes, geeignetes Mittel einzusetzen.
Daher wird ein gleicher gesetzlicher Schritt bisher nicht erwogen.

22. Umfang des Einsatzes von mineralischen Strahlmitteln

Besonders für die Diskussion mit den interessierten niederländischen
Stellen [20] war abzugrenzen, welche Aufgaben heute noch mit mineralischen Strahlmitteln, also in der Regel mit Quarzsand, durchgeführt werden. Dabei war zu untersuchen, ob bereits auf Grund der Studien metallischer Strahlmittel ein Ersatz angegeben werden konnte oder ob besondere
Bedingungen den Einsatz von Quarzsand oder eines entsprechenden Ersatzstoffes auf mineralischer Grundlage noch erforderlich erscheinen lassen.

Das Strahlen mit Druckluft ist auf Grund der Druckluftkosten wesentlich
teurer als das Schleuderstrahlen mit Schleuderrädern, einer Abart der
Gebläse zur Materialbeförderung. Der Energiebedarf kann wenigstens drei-
mal so hoch wie beim Schleuderstrahlen angesetzt werden. Jedoch bedingt
das Schleuderstrahlen den Einsatz metallischer Strahlmittel. Nur in sel-
tenen Fällen wird es sich empfehlen, mineralische Strahlmittel hierbei
zu benutzen, da sie in kürzester Zeit zu Staub zerschlagen sind. Obwohl
die metallischen Strahlmittel wesentlich teurer als Quarzsand sind, ergibt sich durch ihre höhere Lebensdauer, also dem verminderten Verbrauch
für die gleiche Strahlaufgabe, noch zusätzlich eine Kostensenkung über
die Energieeinsparung hinaus. Somit wird aus wirtschaftlichen Gründen,
unabhängig von hygienischen Überlegungen, der Grundsatz zu vertreten
sein, das Druckluftstrahlen durch das Schleuderstrahlen mit metallischen
Strahlmitteln zu ersetzen. In der Mehrzahl aller Fälle der eisenverarbeitenden Industrie lassen sich Strahlmittel auf der Eisenbasis einsetzen, sofern in geschlossenen Anlagen gestrahlt werden kann. Hier
läßt sich - notfalls behelfsmäßig -, ein Strahlmittelkreislauf einrich-
ten. Die Wirtschaftlichkeit des Strahlens hängt nämlich maßgeblich da-
von ab, daß das teure Strahlmittel nicht verloren geht. Es soll so lange
im Einsatz bleiben können, wie es auf Grund seiner Größe noch arbeits-
fähig ist.

Von der Strahlverfahrenstechnik her wird nur dort noch mit Druckluft zu
arbeiten sein, wo genau abgegrenzte Flächen zu bestrahlen sind, wie es
für das Kugelstrahlen manchmal erforderlich ist. Ist für die nachfolgende Arbeit nur das Bestrahlen kleiner Flächenteile nötig, wie beim

Metallisch-rein-strahlen der Blechkanten beim Schweißen, so läßt sich
hier durch das Druckluftstrahlen dieser engbegrenzte Teil vielfach billiger bearbeiten, als wenn ein wesentlich größerer Teil der Fläche dem
Schleuderstrahl ausgesetzt ist. Aber auch in diesen Fällen sind metallische Strahlmittel möglich und den mineralischen vorzuziehen. Schließlich
wird das Druckluftstrahlen vorerst noch für das "echte" Freistrahlen
seine Bedeutung behalten. Dies ist dort der Fall, wo ohne Strahlkabinen
zu arbeiten ist, z.B. beim Strahlen übergroßer Werkstücke und Bauten.
Hierzu gehört das Reinigen von Mauerwerk, das Entrosten von Schiffen,
Brücken und Stahlbauwerken im Freien, aber auch der Stützen pp. im Gebäude-Inneren. Das für die Aufgabenstellung der vorgelegten Arbeit aber
wesentliche Einsatzgebiet sind Fälle, bei denen aus arbeitstechnischen
Gründen auf das Strahlen mit mineralischen Stoffen nicht verzichtet
werden soll. Neben einigen Sonderfällen ist hier besonders das Dekapieren zu nennen.

Allgemein ist festzustellen, daß bei allen Aufgaben, bei denen eine
Oberflächen-Nachbehandlung durch Überzüge vorgesehen ist, gewisse Schwierigkeiten meist zu erwarten sind. Hier also werden, je nach betrieblichen Voraussetzungen, immer Fälle auftreten, in denen der Einsatz mineralischer Strahlmittel nach heutigem Stand der Erkenntnisse von den
Betrieben noch als nötig angesehen werden. In der eisenverarbeitenden
Industrie reicht bei harten Werkstoffen, wie Edelstählen oder gehärteten
Materialien, die Angriffsfähigkeit selbst von Hartgußkies als dem aggressivsten Strahlmittel, manchmal nicht aus. Hier muß auf entsprechend angreifende Stoffe übergegangen werden, die nur unter den mineralischen
bisher zu finden waren. Schließlich wird bei feinster Bearbeitung in
Klein-Druckluft-Strahlanlagen unter Einsatz von mineralischen Strahlmitteln gearbeitet. Es handelt sich hier um Dentalarbeiten, Erzeugnisse
der Bijouterie-Industrie, Kunstguß- und Präzisionsguß-Erzeugnisse und
ähnliche Werkstücke. Für den Einsatz bei größeren Strahlaufgaben, also
dort, wo Verbrauchsgüter zu bearbeiten sind, muß ein möglichst billiges
Strahlmittel als Ersatz von Quarzsand ermittelt werden. Die Strahlmittel-Kosten können hier den Verkaufspreis nicht unwesentlich beeinflussen. Für das Bearbeiten von hochwertigen Kleinwerkstücken tritt der
Strahlmittelpreis als wesentlicher Faktor erheblich zurück, so daß die
Wahl des Ersatzstoffes für Quarzsand dadurch vereinfacht wird. Somit
liegt nicht nur die Aufgabe an, ein technisch mögliches Ersatz-Strahlmittel zu finden, sondern auch die Wirtschaftlichkeit des Einsatzes muß
dabei mit berücksichtigt werden.

In Bunt- und Leichtmetall-Gießereien ist heute vielfach noch Quarzsand als Strahlmittel anzutreffen. Hier sind meist Sorgen um nachfolgende Korrosion durch das Strahlen oder das Steckenbleiben von Eisenstrahlmitteln in der Oberfläche der Grund, weshalb noch weiter Quarzsand benutzt wird. Der eine Weg zum Ausschalten des Quarzsandes geht über den Einsatz artverwandter Strahlmittel, z.B. von Leichtmetall-Strahlmitteln bei Leichtmetallguß. Bei weniger korrosionsfähigem Material ist der Einsatz von feinkörnigen Stahlstrahlmitteln bekannt, wobei arrondiertes Drahtkorn oder Stahlgußschrot anzutreffen sind.

Vom Wirtschaftlichen her erwachsen dem Ersatz des Quarzsandes beim "echten" Freistrahlen Schwierigkeiten. Da diese Arbeiten jedoch im wesentlichen im Freien vor sich gehen, so wurde der Ersatz des Quarzsandes beim Freistrahlen nicht zum Gegenstand der Untersuchung gemacht. Das Strahlmittel kann beim Strahlen im Freien meist nur einmal gebraucht werden, da es nicht wieder aufgefangen, aufgesammelt oder zusammengefegt werden kann (z.B. bei Brücken über einen Fluß). Dennoch ist hier eingehend vom betriebstechnischen Standpunkt zu klären, ob nicht eine Vakuum-Strahleinrichtung (Abb.1) benutzt werden kann. Der Strahlkopf (Abb.2) deckt die Oberfläche ab, so daß aus dem Strahlkopfraum das Strahlmittel wieder in den Vorratsbehälter zurückgesaugt werden kann. Dadurch wird auch außerhalb von Strahlkabinen, also auch im Freien, ein Strahlmittelkreislauf möglich. Hier sind entsprechend SiO_2 freie Strahlmittel auch bei höherem Preis einsetzbar.

Die Grenzen der Anwendung ergeben sich aus zwei Gründen der Verfahrenstechnik. Zum Rücksaugen des Strahlmittels ist eine Schlauchleitung als zweite Leitung erforderlich. Dies macht die Anlage schwerer und beeinträchtigt die Handhabung. Das Aufhängen der Leitungen an kleinen Hilfsseilbahnen ist bei großflächigen Arbeiten als eine brauchbare Lösung anzusehen.

Der Strahlkopf kann nur als Rücksaugraum wirken, wenn das bearbeitete Werkstück den Raum im Strahlkopf dicht abschließt. Somit muß das zu strahlende Werkstück möglichst wenig vorspringende Bauteile, Ecken und Kanten aufweisen. Es will jetzt so scheinen, daß sich bei der Notwendigkeit einer intensiven Beschäftigung mit einer solchen Einrichtung und ihrem Einsatz noch manche Lösung aufzeigen wird, so daß der Einsatz dieser Anlagen an heute schwierigen Stellen möglich wird. Die Notwendigkeit sich mit dem Einsatz dieser oder ähnlicher Verfahren zu beschäftigen müßte nur in größerem Umfange anliegen.

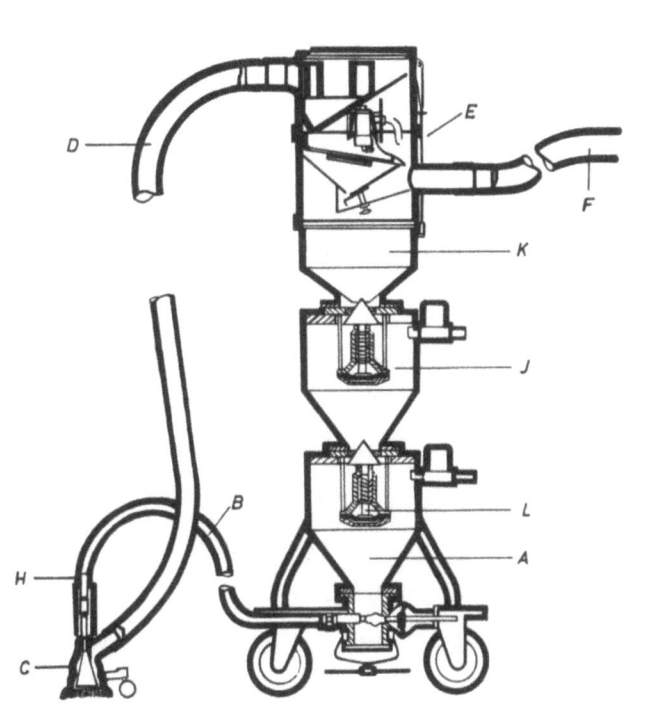 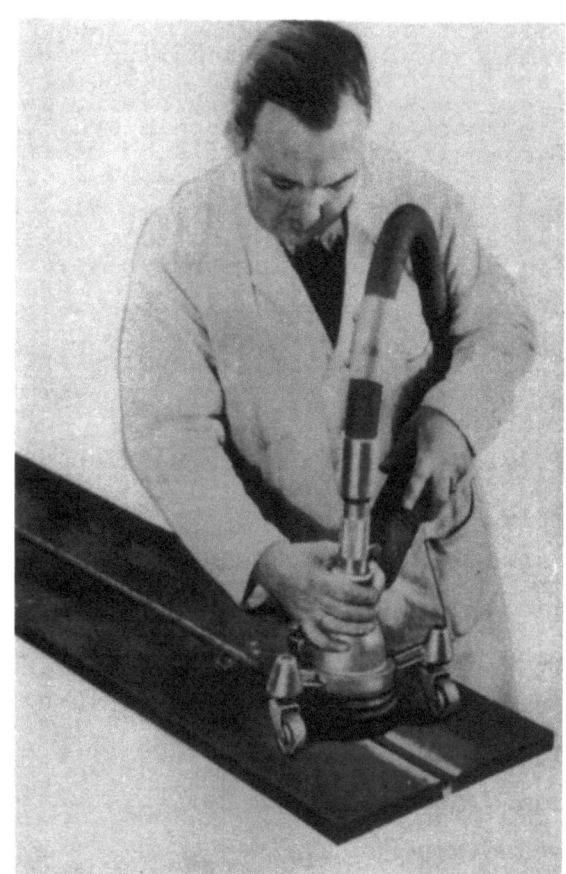

A b b i l d u n g   1
Vakuumstrahleinrichtung
Werks-Skizze Munk & Schmitz, Köln-Poll

A Strahlmittel-Hauptbehälter
B Druckluftschlauch
C Blaskopf mit Düse
D Rücksaug-Leitung
E Strahlmittel-Reiniger
F Luftfilter
H Rückschlag-Ventil
J Strahlmittel-Vorratsbehälter
K Strahlmittel-Sammler
L Selbsttätige Füllventile

A b b i l d u n g   2
Strahlkopf der Vakuum-
strahleinrichtung
Werksbild Munk & Schmitz,
Köln-Poll

Bei Aufgaben, bei denen eine spätere Oberflächenschicht auf das Werkstück aufgetragen werden soll, hat die Bearbeitung bisher nur selten durch Strahlen stattgefunden. Vielfach wird hier noch das Beizen angewendet. Jedoch hat sich die Erkenntnis durchgesetzt, daß zur Minderung des Nutzwasserverbrauchs, aber besonders zum Reinhalten der Gewässer, versucht werden muß, das Beizen zu verdrängen [21]. Daher [22] werden diese Aufgaben in Zukunft stärker dem Strahlen zufallen. Auch neuere Verfahrenstechniken wenden das Strahlen als Oberflächen-Vorbehandlung an, wie z.B. das Auftragspritzen. Bei diesem ist eine Oberfläche nötig, die ein gutes Verzahnen zwischen Grundmetall und aufgespritztem Werkstoff ermöglicht. In diesen Fällen erscheint es erforderlich, durch gelenkte Versuche sofort zu verhindern, daß Quarzsand als Strahlmittel bei der Vorbereitung der Oberfläche überhaupt in Erwägung gezogen wird.

In einigen Fällen sind beim Verzinnen und Verzinken Strahlprobleme an den Berichter herangetragen worden, die erkennen lassen, daß die Schwierigkeiten etwa der gleichen Art sind, wie sie beim Vorbehandeln der Oberfläche zum Emaillieren auftreten. Mit freundlicher Unterstützung der Arbeitsgruppe Strahlmittel im Gemeinschaftsausschuß Emaillierfähiges Gußeisen des VDG/VDEfa konnten die betrieblichen Kenntnisse und Sorgen beim Strahlen zu emaillierender Werkstücke als Grundlage dieser Arbeit verwendet werden. Auch war es nur durch die Förderung der hier vorgelegten Arbeit durch die Ausschußmitglieder und ihrer Firmen möglich, die Laborkenntnisse auf betriebliche Verhältnisse in Großversuchen zu übertragen. Als Ergebnis dieser Ausschuß-Arbeit und damit als Grundlage zum Abgrenzen des Umfanges des erforderlichen Einsatzes von Quarzsand nach dem Stand zu Beginn der Versuche ergibt sich folgende Auffassung der zuständigen Fachkreise:

Beim Vorbehandeln der Oberfläche zum Emaillieren fallen drei Strahlaufgaben an, das Putzen des Gusses oder "Schwarzstrahlen" (entfällt für nicht gegossene Werkstoffe), das Dekapieren zum Erzeugen der Haftoberfläche und das Entemaillieren bei fehlerhaftem Email.

Das Putzen des Gusses hat kaum einen direkten Einfluß auf die Emaillierung, wenn nicht absolut unzweckmässige Strahlmittelkörnungen für diese Aufgabe eingesetzt werden. Solche Fälle sind nicht bekannt. Es handelt sich also um normale Putzaufgaben, für die die angeführten Grundsätze gelten. Somit sind Eisenstrahlmittel mit Sicherheit möglich, wenn man von der jüngsten Überlegung absieht, daß auch Al-Werkstücke emailliert werden. Zweckmäßig sind Schleuderstrahlanlagen zu verwenden. Aber auch der Einsatz von vorhandenen Druckluftanlagen ist kein Grund, nur mineralische Strahlmittel verwenden zu wollen.

Gleichfalls wird das Entemaillieren mit Eisenstrahlmitteln durchzuführen sein, wenn man nicht unbedingt diesen Arbeitsgang mit dem Dekapieren verschmelzen will, um nur einmal strahlen zu müssen.

Nach einer jüngsten Umfrage wurden die Erkenntnisse von W.STEGMAIER [19] somit bestätigt, daß beim Dekapieren zwischen dem nachfolgenden Arbeiten mit Schmelz- oder Frittegrund zu unterscheiden ist. Bei Frittegrund lassen sich Eisenstrahlmittel ohne nennenswerte Schwierigkeiten anwenden. Jedoch könne bei Schmelzgrund nach allgemeiner Ansicht nicht auf das letzte Strahlen mit "Quarzsand" verzichtet werden. Dies also mußte damit der hauptsächliche Ansatzpunkt der Versuche sein, wenn man bedenkt, daß in einem der größeren Betriebe dieser Fabrikation etwa 1 500 t Quarzsand zum Strahlen im Jahr verbraucht werden. Sicher erscheint es einleuchtend, daß nicht nur Quarzsand als Strahlmittel zu verwenden ist. Das Strahlmittel muß nur dem Email artverwandt sein. Jedoch lagen entsprechende Versuche nicht vor, die zur Bestätigung des möglichen Einsatzes anderer mineralischer Stoffe herangezogen werden konnten. Eisenstrahlmittel führen gegebenenfalls in unvertretbarem Umfange zu Emaillierausschuss. Hierfür können Metallflitter an der Oberfläche, eingedrungene Strahlmittelteilchen in die Oberfläche und wohl der hohe Kohlenstoffgehalt bestimmter Sorten der Anlaß sein, um einige der bisher erkannten Ursachen zu nennen, die vom Strahlmittel herrühren. Da besonders an großflächige Werkstücke (z.B. Badewannen, Guß für chemische Fabrikation) sehr scharfe Güteforderungen bei der Emaillierung gestellt werden, müssen diese Teile wegen geringster Fehler entemailliert und erneut zum Aufschmelzen gegeben werden. Es muß also den betreffenden Werken darauf ankommen, mit Sicherheit jede mögliche Ausschuß-Ursache zu verhindern, da die Erhöhung der Gesamt-Herstellungskosten durch eine größere Ausschußquote nicht vertretbar ist. Dies ist um so mehr erforderlich, da die betreffende Fertigung in scharfer Preiskonkurrenz mit anderen Werkstoffen bei gleichem Erzeugungsprogramm steht. Somit kann die Preisrelation von Quarzsand zu dem vorgeschlagenen Ersatzstoff auch hier nicht außer acht gelassen werden.

Daß Quarzsand aus hygienischen Gründen nicht vertretbar ist, wurde als bekannte Tatsache angesehen und nicht mehr zum Gegenstand einer eigenen Erörterung gemacht, da selbst die Tagespresse auf diese Probleme hinweist. Die HOHE BEHÖRDE mißt dem Arbeitsschutz beim Sandstrahlen eine tragende Bedeutung bei, denn in ihrem Rahmenprogramm "Technische Staubbekämpfung - Eisen- und Stahlindustrie" führt sie unter Ziffer 1 b Forschungsarbeiten zum Schutze der Putzer und Sandstrahler an. Nach Mitteilungen von Prof.K.SCHMIDT [23], verursacht jeder Silikosefall einen Kostenaufwand von 40 000 DM. Sollte es gelingen, nur einige Fälle zu verhindern, so kann dieses Geld für andere Zwecke eingesetzt werden, als einem an sich gesund erhaltbaren Menschen sein trauriges Schicksal zu mildern. Unberücksichtigt bleibt dabei das menschliche Leid, das durch Vermeiden eines jeden dieser Krankheitsfälle allein schon nicht auftritt.

3. Laborversuche mit mineralischen Strahlmitteln

31. Versuche in der Versuchs-Schleuderstrahlkabine "Duisburg"

Da in mehr als sechsjähriger Arbeit Erkenntnisse über das Verhalten von metallischen Strahlmitteln mit der Versuchs-Schleuderstrahlkabine "Duisburg" gesammelt werden konnten, lag es nahe, zu klären, wie sich die mineralischen Strahlmittel in die bisher erarbeiteten Erkenntnisse einbauen. Andererseits war zu hoffen, falls sich bekannte Wirkungs-Tendenzen aufzeigen sollten, bald zu Aussagen über die mineralischen Strahlmittel zu kommen. Durch Testversuche und nach altbekannter betrieblicher Ansicht stand fest, daß die mineralischen Strahlmittel in den Schleuderstrahlanlagen sehr schnell zerschlagen werden. Somit ist der jeweilige Versuchsaufwand gering, um zu einem Vergleichswert zu kommen. Für ein gutes Eingruppieren von Prüfgegenständen in eine Meßreihe ist jedoch allgemein anzustreben, daß der Meßbereich recht weit ist, so daß ein nennenswerter Unterschied der Kennwerte sich ergibt. Daher ist die Untersuchung von diesem Standpunkt aus in einer Schleuderstrahlanlage für mineralische Strahlmittel nicht als ideal zu bezeichnen. Da es sich bei der Strahlmittelprüfung um ein technologisches Prüfverfahren handelt, sollten auch die Prüfbedingungen soweit wie möglich den betrieblichen Bedingungen entsprechen. Als wesentlich ist in diesem Zusammenhang in erster Linie die Gleichheit der Strahlmittelgeschwindigkeit anzusprechen. Diese Gleichheit muß als nicht gegeben angesehen werden, ohne daß hier näher auf die geeignete Strahlgeschwindigkeit eingegangen werden soll. Dennoch wurden die Versuche gegen diese Erkenntnis durchgeführt, um für andere Fragestellungen Vergleichsmöglichkeiten zu besitzen.

Die Schleuderradkabine besteht in der Hauptsache aus einem viereckigen Gehäuse, an dessen Hinterfront das zweischauflige Schleuderrad angebracht ist. Der Boden ist als Rost ausgebildet (Abb. 3).

Im Hauptbereich des Schleuderstrahls sind zwei Prüfblättchen befestigt. Die während des Versuches abgetragene Gewichtsmenge dieser Plättchen wird gemessen und dient dazu, bei der späteren Auswertung der Versuche die Abtragwirkung des Strahlmittels zu ermitteln.

Das Strahlmittel selbst gelangt durch einen Trichter auf die rückwärts gekrümmten Schaufeln des Schleuderrades (2800 U/min) und wird auf die Prall- und Prüfplatten geschleudert. Es fällt in einen unter dem Rost befindlichen Trichter und wird in einem Behälter gesammelt, von dem aus es wieder von Hand dem Fülltrichter zugegeben wird. Maßskizze der Versuchsanlage siehe Abbildung 4.

Abbildung 3

Versuchs-Schleuder-Strahlkabine "Duisburg"

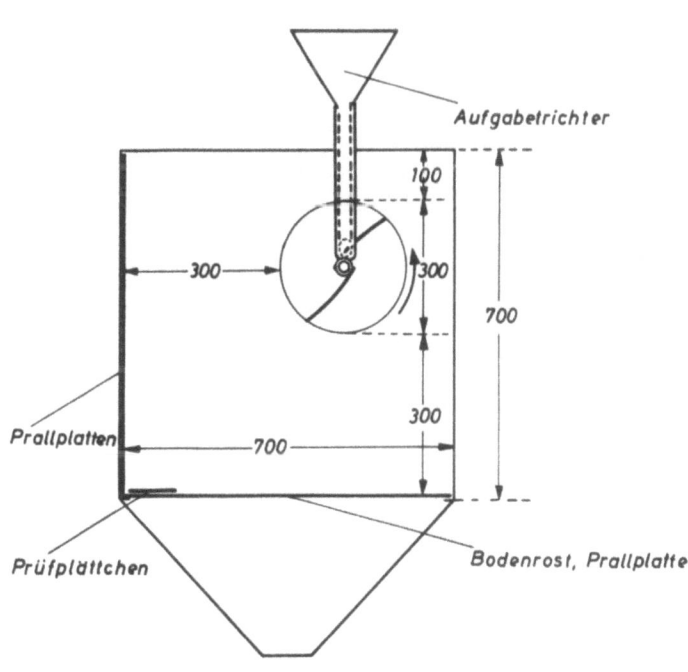

Abbildung 4

Maßskizze der Versuchs-Schleuder-Strahlkabine "Duisburg"

Dieser einmalige Kreislauf des Strahlmittels ist ein "Durchlauf". Die
Anzahl der Durchläufe, denen ein Strahlmittel bis zu dem jeweils gewünschten Verschleiß - unter den Bedingungen dieser Prüfeinrichtung - ausgesetzt werden kann, wird als Lebensdauer "L" bezeichnet. Die Lebensdauer ist ein Maß der Güte des Strahlmittels.

Die erste Versuchsreihe sollte für eine Anzahl mineralischer Strahlmittel klären, ob sie als wirtschaftlicher Ersatz des Quarzsandes in Frage kommen könnten.

Es werden jeweils die theoretische Lebensdauer der Sollkörnung und die Abtragwirkung bestimmt.

Ein Strahlmittel ist meist ein körniges Gemenge mit weiter Streuung der Abmessungen. Daher läßt sich eine Güteaussage über einen Werkstoff als Strahlmittel nur machen, wenn man die Einflußgrößen weitgehend einschränkt, die von der Verteilung der Korngrößen über den gesamten Streubereich herrühren. Der Einfluß der Kornform ist schwer ausschaltbar, sofern es sich um natürliche Strahlmittel handelt. Aus der Erkenntnis früherer Versuche [16] wurde deshalb mit Sollkorn gefahren. Als Sollkörnung [24] wird die Körnung des Sollsiebbereiches für Schrot und Kies der Eisenstrahlmittel [25] zugrunde gelegt. Es werden also Unter- und Überkörnungen ausgeschieden. Die Sollkörnung bleibt auf einem gewählten Sieb, dem "Sollsieb" liegen und fällt durch das Obersieb, einem gleichfalls angegebenen größeren Sieb durch.

Nr.	7	8	10	13	(15)	16	(20)	24	34	55	70	90
Sollsieb	2,5	2,0	1,5	1,25	(1,0)	0,75	(0,75)	0,5	0,3	0,20	0,15	0
Obersieb	3,0	2,5	2,0	1,5	(1,25)	1,25	(1,0)	0,75	0,5	0,30	0,20	0,15

Die theoretische Lebensdauer gibt die Anzahl der Durchläufe in einer Versuchsanlage bis zum gewünschten Verschleißgrad an. Zur Kennzeichnung dieses Zustandes wird allgemein $L_{th - x;\ a/b}$ = k Durchläufe geschrieben. Dazu ist "a" die Sollmaschenweite der untersuchten Körnung.

Siebrückstand "x" und Prüfsieb "b" sind frei wählbar, woraus sich die Vielzahl der möglichen Kennwerte ablesen läßt. Um zu kennzeichnen, ob Soll- oder Istkörnung, also die in einer Anlieferung tatsächlich vorliegende Körnungsstreuung, beim Versuch verwendet wird, erhält der Index "th" die Zusätze "s" und "i". Der Einfluß der unterschiedlichen Wahl der Bezugs- und damit Vergleichsgrößen auf die Aussagefähigkeit der Kennwerte ist in einer weiteren Arbeit zu diskutieren.

Entsprechend den Ausführungen über die Prüfmethodik (vgl.S.11/12) wird der kürzere Laborversuch durchgeführt. Dabei werden der Siebrückstand "x" = 45% und als Prüfsieb "b" das Sollsieb "a" bei Sollkorn als Untersuchungsmaterial festgelegt, so daß der Wert

$$L_{ths-45;\ a/a} = k \text{ Durchläufe}$$

bestimmt wird.

Die Abtragswirkung "w" ist die abgetragene Menge der Prüfplättchen und wird in diesem Fall auf die Flächeneinheiten in cm^2 der Prüfplättchen und auf die Versuchszeit von 100 sec bezogen. Sonst wird der Wert zu klein. Damit ist:

$$w = \frac{G}{F \times t/100} \text{ mg/cm}^2 \times 100 \text{ sec}$$

G = Gewichtsverlust der Prüfplättchen [mg]
F = Fläche der Prüfplättchen [cm^2]
t = Gesamtversuchszeit [sec]

Der sich ergebende Wert gilt nur unter den Voraussetzungen der Versuchseinrichtungen. Er ist ein Mittelwert für die Gesamtversuchszeit bei wechselnder Körnung, entsprechend der Zersplitterung im Versuchsverlauf.

Die Versuchsmenge beträgt jeweils 1000 g, die Sollkörnungen a = 1,5; 1,2 und 1,0 mm. Als erstes wird Quarzsand als Grundlage der beabsichtigten Vergleiche gefahren. Die Ergebnisse sind in Tabelle 1 zusammengefaßt.

T a b e l l e 1

Sollkornlebensdauer L_{45} von Quarzsand

Sollkorn in mm	Lebensdauer L_{45} in Durchläufen				
	1.Vers.	2.Vers.	3.Vers.	4.Vers.	5.Vers.
2,0	1,6	1,5	1,4	1,7	1,8
1,5	1,7	1,4	1,5	1,9	1,9
1,2	1,9	2,0	1,8	2,0	2,1
1,0	3,4	3,3	3,5	3,4	3,6

Die Versuche wurden mehrmals gefahren, um eine sichere Aussage zu gewinnen. Die Sollkornkurven zeigt Diagramm 1.

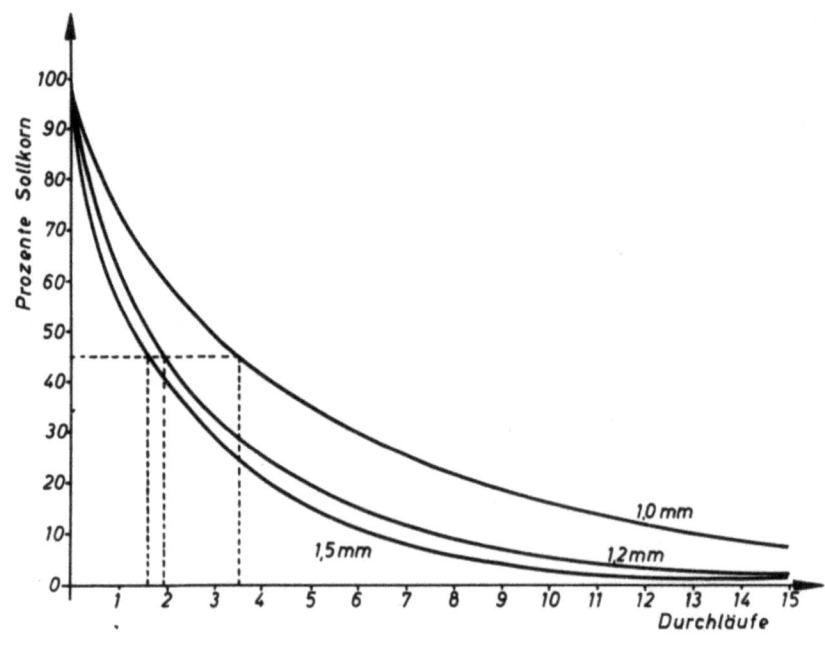

Diagramm 1

Sollkornabnahme beim Strahlen von Quarzsand verschiedener Korngröße und Lebensdauerkennwert $L_{ths-45;soll/soll}$

Aus Diagramm 1 ist ersichtlich, daß die theoretische Sollkornlebensdauer $L_{ths-x;a/a}$ mit kleiner werdenden Sollkornabmessungen steigt, eine schon aus den Versuchen an metallischen Strahlmitteln bekannte Tatsache. Die gleiche Tendenz ergab sich auch bei Glas-Kies- und Schmelzbasalt. Sie muß damit als eine stets vorhandene Tatsache gelten.

Die Lebensdauerkennwerte dieser Untersuchung wurden in Diagramm 2 zusammengestellt. Dabei wurde der jeweilige Kennwert über der mittleren Körnung des dazugehörigen Siebbereiches aufgetragen.

Beim Betrachten der drei Kurven ergibt sich, daß die theoretische Sollkornlebensdauer nicht allein eine Funktion der Korngröße ist. In diesem Fall wäre ein etwa paralleler Verlauf der Kurven zu erwarten. Darum muß weiter abgeleitet werden, daß für gleiche Körnungen verschiedener Materialien selbst bei gleicher theoretischer Sollkorn-Lebensdauer ein unterschiedlicher Strahlmittelverbrauch im betrieblichen Einsatz, - also eine unterschiedliche Betriebslebensdauer - erwartet werden muß. Für die Beurteilung der Frage, ob ein anderes Strahlmittel den gleichen oder einen geringeren Verbrauch für dieselbe Arbeitsaufgabe erfordert, läßt sich aus der theoretischen Lebensdauer allein kein Schluß ziehen. Auch die Abtragwirkung eines Strahlmittels gibt hierüber nicht allein die

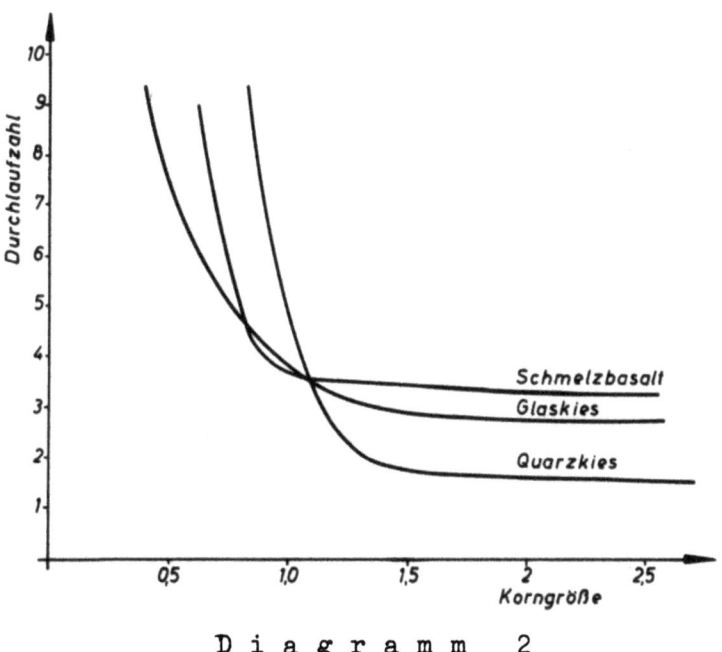

D i a g r a m m 2

Sollkornlebensdauer $L_{ths-45;soll/soll}$ mineralischer Strahlmittel bei verschiedener Körnung

zusätzlich noch fehlenden Anhaltswerte. Beim "Sauberputzen" - der in diesem Zusammenhang wohl vornehmlich interessierenden Strahlaufgabe - soll die Oberfläche in allen Punkten vom Strahlmittel bearbeitet sein, da sie in der Regel wohl "metallisch rein" zu putzen ist. Hierfür ist auch der Bedeckungsgrad wichtig, d.h. die Anzahl der Teilchen, die die Oberfläche in der Zeiteinheit treffen. Die Zusammenhänge sind noch nicht eingehend erarbeitet worden, so daß nur auf Testversuche hingewiesen werden kann [27], deren Ergebnisse in Diagramm 3 veranschaulicht sind. Die beim "Sauberputzen" benötigte Zeit wird als "spezifische Strahlzeit" bezeichnet. Ein Prüfplättchen wird an eine bestimmte Stelle des Strahls in der Prüfkabine gelegt. Dann wird so lange gestrahlt, bis die Oberfläche des Prüfplättchens beim Betrachten mit einer Lupe an allen Stellen "sauber" ist.

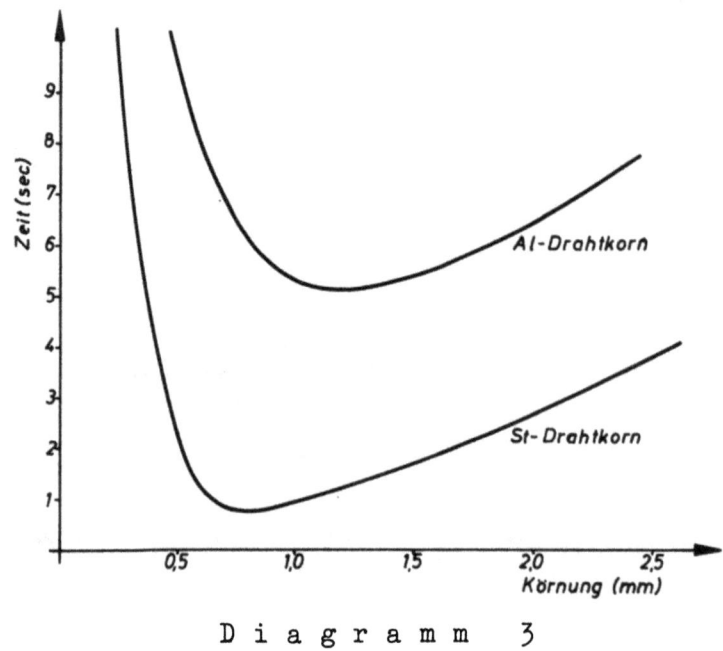

Diagramm 3

Spezifische Strahlzeit für verschiedene Körnungen (schematisch)

Um die Eignung verschiedener Materialien als Ersatzstoff für Quarzsand zu prüfen, wurde deshalb in der Regel die theoretische Sollkornlebensdauer nach dieser Versuchsdurchführung bestimmt. Für die wesentlichsten Materialien wurden diese Untersuchungen für die Körnungen 1,5 und 1,2 mm durchgeführt. Die Kurven sind in Diagramm 4 und 5 aufgezeichnet. Die Zusammenstellung der Werte gibt Tabelle 2.

Tabelle 2

Sollkornlebensdauer L_{ths-45}; a/a mineralischer Strahlmittel

Körnung Material	1,5 mm Durchläufe	1,2 mm Durchläufe
Edelkorund 32	8,0	8,5
Glaskies	2,8	3,0
Strahlbasaltit	1,85	2,2
Hochofenschlacke	1,4	1,8
Quarz	1,6	1,9
Chromerzschlacke	1,0	1,25
Korobinschlacke	0,9	-
Kupfererzschlacke	0,8	0,7

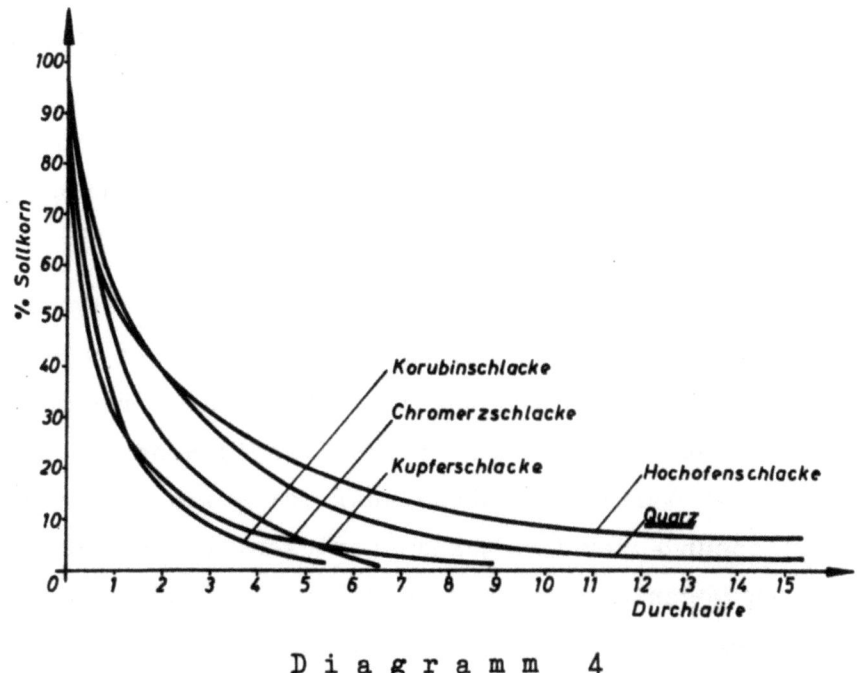

Diagramm 4

Sollkornabnahme mineralischer Strahlmittel Körnung 1,5 mm

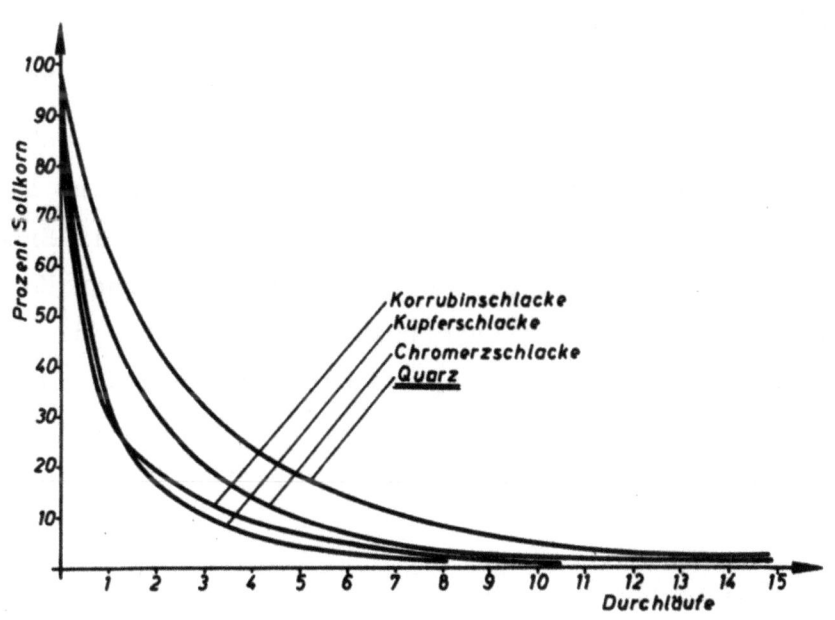

Diagramm 5

Sollkornabnahme mineralischer Strahlmittel Körnung 1,2 mm

Die Aufstellung zeigt, daß Hochofenschlacke, Strahlbasaltit, Glaskies und Edelkorund in beiden Fällen bessere Lebensdauerkennwerte als die anderen Schlacken aufweisen. Quarzsand liegt etwa in der Mitte. Es wurde aufgrund dieser Versuchsreihe festgelegt, daß für die betrieblichen Versuche Glaskies, Strahlbasaltitkies und Hochofenschlackenkies verwendet werden.

Korund ist für den Ersatz von Quarzsand nur dann vorschlagbar, wenn die Strahlmittelkosten für die Beurteilung des Einsatzes im wesentlichen unberücksichtigt bleiben können. Unter Einrechnung der Fracht kann etwa gerechnet werden, daß Korund ungefähr das Zwanzigfache von Quarzsand kostet, jeweils frei Werk. Die Lebensdauer ist - wie auch weitere Versuche bestätigt haben - dem Quarzsand überlegen. Hinzu kommt, daß auch feinste Körnungen wegen des höheren spezifischen Gewichtes noch sehr gut putzen. Jedoch liegt die erreichbare Minderung des Strahlmittelverbrauchs für die gleiche Arbeit nicht bei 1/20 des Quarzsandverbrauches. Selbst wenn man die innerbetriebliche Vereinfachung des Arbeitsflusses durch verminderten Transportaufwand einrechnet, wird sich im Normalfall für den Großeinsatz kein Ausgleich der Kosten ergeben können. Es ist jedoch darauf hinzuweisen, daß Korund bei allen bisher bekannten Arbeitsaufgaben die Oberfläche angegriffen hat, was nicht bei allen untersuchten Materialien der Fall ist. Aus der Begutachtung der Wirtschaftlichkeit erschien ein Großversuch für Emaillierzwecke nicht vertretbar, da der geschätzte Bedarf für den Betriebseinsatz eines Tages die zur Verfügung stehenden Versuchsmittel mehr als zur Hälfte in Anspruch genommen hätte.

Für die Schlacken ließ sich aus den aufgezeigten Laborversuchen ablesen, daß bei allen etwa gleichartiges Verhalten zu erwarten war. Der Einsatz im Großversuch wurde, außer bei Hochofenschlacke, nicht in Erwägung gezogen, da nicht mit Sicherheit die notfalls erforderlichen Mengen für die spätere Verwendung als Ersatzstoff zu erlangen sind. Hinzu kam, daß der abschätzbare Preis der Schlacken von Kupfererz und Corubin weit höher als Glaskies lag. Bei Chromerzschlacke, dem günstigsten Material, lag der Preis etwa wie bei den höchsten zu erwartenden Werten für Hochofenschlacke.

Somit war anzunehmen, daß aus den Ergebnissen für Hochofenschlacke und Glaskies sich auch die Einsatzmöglichkeit der anderen Schlacken abschätzen lassen würden.

Die Abtragswirkung gehörte bei den metallischen Strahlmitteln stets zu den untersuchten Kennwerten. Somit bestimmte der Berichter auch diese für die mineralischen Strahlmittel. Diese Untersuchungen sollten dazu dienen, die bisher bekannten Tendenzen über die Abtragswirkung auf die mineralischen Strahlmittel ausweiten zu können.

Allgemein wird bisher bei metallischen Strahlmitteln angeführt, daß bei gleicher Körnung in erster Annäherung bei größerer Härte eines Stoffes die Abtragswirkung gleichfalls größer und die Lebensdauer aber kleiner sind. Diese Aussagen wurden bei den mineralischen Strahlmitteln nicht bestätigt. Als Beweis diene Diagramm 6.

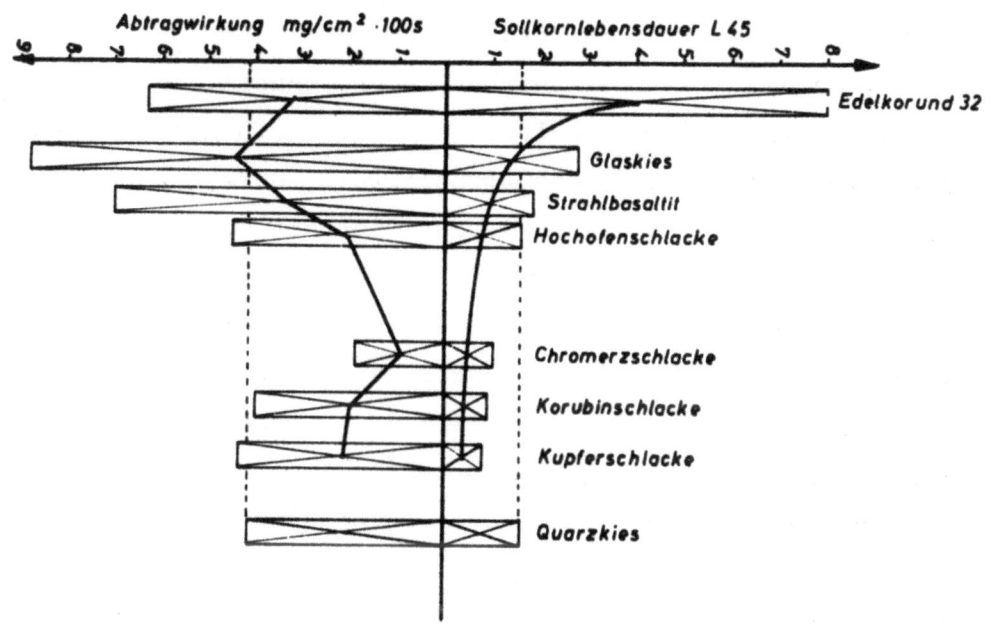

D i a g r a m m   6

Strahl-Abtragswirkung und Sollkornlebensdauer mineralischer Strahlmittel, Körnung 1,5 mm in der Versuchs-Schleuder-Strahlkabine "Duisburg"

Es ist dabei zu beachten, daß die Abtragswirkung und Lebensdauer sehr stark von der Kornform abhängen. Splittriges und scheibenförmiges Korn entsprechen zwar den Körnungsabmessungen, die durch die Siebbereiche festgelegt werden.

Bei splittrigem Korn fallen lange, nadelartige Formen durch ein Sieb, dessen Maschenweite etwa dem Querschnitt senkrecht zur Nadelachse entspricht. Somit muß ein nadelförmiges Korn stets etwa einen kleinsten Querschnitt besitzen, der von der Maschenweite nur unerheblich abweicht. Falls das Korn überhaupt zum Strahlen geeignet ist, z.B. nicht in Düsen zu Verstopfungen Anlaß gibt, so ist es recht bald in der Länge entzweigeschlagen und zerbricht in Größen, die noch als nennenswertes Arbeitskorn zu bezeichnen sind. Die mittlere Masse dieser Körnung liegt also recht hoch. Da aber die Wirkung eines Korns von seiner kinetischen Energie als erster Kenngröße beeinflußt wird, ist daraus die recht hohe Wirkung dieser Körner abzuleiten. Bei scheibenförmigem Korn ist durch die siebgerechte Ausbildung in etwa zwei Ausdehnungen ein Durchfallen durch das Sollsieb selbst bei geringster Ausdehnung in der dritten Dimension kaum gegeben. Die mittlere Masse ist daher wesentlich geringer. Die Frage zu klären, wie diese Teilchen im Ausgangszustand auf die Oberfläche auftreffen, ist nur mit Hilfe von Schnell-Film-Kameras möglich. Jedoch zeigt sich, daß diese Körner bisher bei allen Materialien sehr bald in wesentlich kleinere Unterkörnungen zerbrechen und damit zu Körnern nennenswert kleinerer Masse, so daß die Arbeitswirkung sehr schnell stark abfällt. Daher ist es von größter Bedeutung für den Arbeitserfolg, wenn durch zweckentsprechende Vorbehandlung das Strahlmittel weitgehend kompakte Kornform erhält. Dies ist für die Wirtschaftlichkeit der mineralischen Strahlmittel sicher besonders wichtig. Der Brechvorgang wird daher so zu steuern sein, daß diese Kornformen anfallen. Andererseits hat die oft erhebliche Streuung in Lebensdauer und Abtragswirkung sicher in der unterschiedlichen Kornform ihre Ursache. Somit läßt sich aus der Vielzahl der gefahrenen Versuche feststellen, daß splittriges besser als scheibenförmiges Korn ist. Jedoch ist am günstigsten für die Lebensdauer, ein kompaktes, möglichst kubisches oder rundes Korn zu verwenden. Für die Abtragswirkung ist ein der kubischen Form sich näherndes, aber stets scharfkantig bleibendes Material erwünscht. Die Kornformen sind an Beispielen aus dem Bereich der mineralischen Strahlmittel in Abbildung 5-7 dargestellt.

Korund wird meist in ausreichend kompakter Form geliefert. Doch wurden Streuungen der Lebensdauer festgestellt, die bis zur Hälfte des angeführten Wertes der theoretischen Lebensdauer des Sollkorns heruntergingen. Glas ist sehr eckig, neigt gern zur Plättchenbildung bei den zur Verfügung gestellten Sorten, meist aus Flaschenglasbruch. Dort mußte also die Körnung daraus untersucht werden, daß der Anteil an Splittern nicht zu groß ist. Quarzsand hat je nach Fundort kantige, kompakte Form mit guter Abtragswirkung oder als Flußsand fast kugelige Form. Die Lebensdauer dieser abgearbeiteten Kornformen ist größer, ihre Abtragswirkung aber sinkt. Beim Strahlbasaltit, einer ausgewählten Körnung von Naturbasalt, ist Wert darauf zu legen, die geeignete Körnung zu erstellen. Das üblich

A b b i l d u n g 5a

Formen von Strahlmitteln: hier Kies
Kies, kompakt (gerundet)

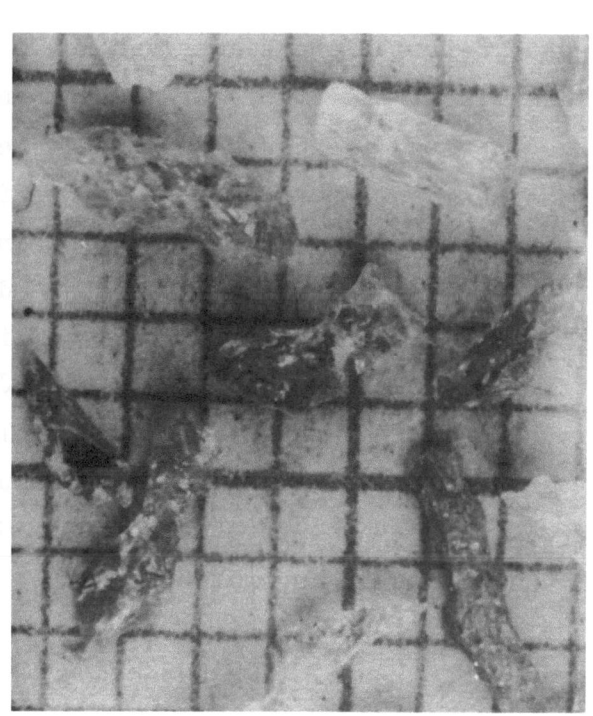

A b b i l d u n g 5b

Formen von Strahlmitteln: hier Kies
Kies, kompakt (kantig)

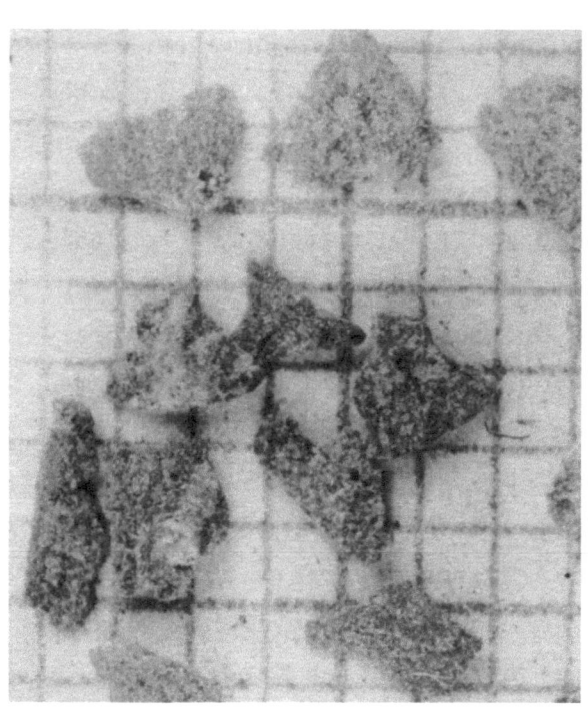

A b b i l d u n g   6

Formen von Strahlmitteln: hier Kies
Kies, scheibenförmig

A b b i l d u n g   7

Formen von Strahlmitteln: hier Kies
Kies, splittrig

angelieferte Material ist meist scheibenförmig bis kompakt. Gerade das
richtige Auswählen der Kornform bringt hier den Erfolg im betrieblichen
Einsatz. Die gleiche Überlegung gilt für alle Schlacken, von denen die
Hochofenschlacke besonders eingehend geprüft wurde. Hier spielt der
Schmelzprozeß und die nachfolgende Abkühlung für die Verwendung als
Strahlmittel eine große Rolle. Einige Sorten waren bröckelig, daher also
kaum für diese Aufgabe geeignet. Bei anderen ist der Porenanteil selbst
in den kleinsten Körnern, wie sie als Strahlmittel erwünscht sind, be-
trächtlich. Auch diese Schlacke ist als Strahlmittel nicht günstig. Sie
soll also ein festes Gefüge besitzen und porenfrei sein. Der Brechvorgang ist nun zusätzlich noch so abzustimmen, daß sich möglichst kompakte
Körner ergeben, die dann scharfkantig ausfallen. Es ist durchaus erreich-
bar, daß diese Vielzahl der Anforderungen eingehalten werden kann. Die
Aufzählung der Bedingungen aber weist andererseits auch aus, daß ein
erheblicher Aufwand zur Auswahl der günstigsten Schlacke nötig ist.

Diese Ausführungen sind noch dahin zu erweitern, daß die Betriebslebensdauer, also die Anzahl der Durchläufe bis zum Ausscheiden durch die
Staubabsaugung, mit größerer Kornabmessung steigt. Es bedarf kaum einer
Erklärung, daß die Durchlaufzahl höher liegen muß, um ein größeres Korn
so abzuarbeiten, bis es voll als Staub ausgeschieden wird. Dies kann
auch als Grund dafür angesehen werden, daß die Abhängigkeit der theroe-
tischen Betriebslebensdauer von der Korngröße noch nicht untersucht
wurde. Sie aber gibt sicher doch einen Anhalt, welcher wirtschaftliche
Nutzen in der Steigerung der Korngröße liegt. In der Praxis ist das ge-
naue Einhalten einer gewünschten Oberflächen-Bearbeitung durch Strahlen
schwer festzulegen. Der subjektive Eindruck der "ausreichenden Bearbeitung" und das "angemessene Aussehen" der Oberfläche sind in der Regel
die Beurteilungsmaßstäbe. Dabei ist die Grenze zur "ungenügenden" Bearbeitung recht eindeutig abzugrenzen. Jedoch ist eine zu günstige Bearbeitung, vielfach ein zu langes Strahlen, in gleicher Weise nicht fest-
legbar. Daher ist die Bearbeitung anzustreben, bei der ein größtmögli-
ches Korn verwendet werden kann. Als Grenze ist dabei zu beachten, daß
durch den Einsatz zu grober Körnungen der Bedeckungsgrad sinkt, so daß
die erforderliche Strahlzeit unangemessen ansteigt. Dann könnte die Ein-
sparung an Strahlmitteln durch Lohn- und Betriebskosten wieder aufge-
braucht werden. Da aber beim Überschreiten der günstigsten Körnung nur
geringe Steigerungen der Betriebszeit sich einstellen, läßt sich mit
der Korngrößen-Erhöhung ein erheblicher Erfolg erarbeiten. Dies ist der
Praxis auch bekannt. So sind bei Granulaten deshalb oft nennenswerte

Anteile an Überkörnungen vorhanden. Bei Drahtkorn, also in gleiche Längen geschnittener Draht, wird mit Überlängen und Abweichungen vom Solldurchmesser geliefert, statt in der bisher üblichen Abmessung D : L = 1. Dies ist als Hilfe zum Steuern des Verbrauchs sicher richtig, darf jedoch nicht zur Verschleierung der Güte des gelieferten Materials benutzt werden. Aus dieser Tatsache erwächst für die Prüfung der Strahlmittel die bindende Forderung, nicht das Strahlmittel im Anlieferungszustand (Ist-Prüfung) auf Lebensdauer zu untersuchen. Die Lebensdauer-Prüfung muß bei der Begutachtung der Güte die Abweichungen des Kennwertes mit in Rechnung stellen, die sich durch die Verschiebungen der Kornabmessungen ergeben. Daher ist wenigstens eine Prüfung des Sollkorns durchzuführen.

Neben den aufgeführten Strahlmitteln wurden noch die nachfolgenden Materialien in gleicher Weise untersucht. Von ihrer weiteren Berücksichtigung wurde abgesehen, wofür die Gründe nachstehend mit aufgeführt sind.

Auf Anregung der niederländischen Herren Ir.H.t'HART, Centrale Dienst der Arbeids-Inspectie, 'S-Gravenhage, A.J.G.de RAAT, Veiligheids-Institut, Amsterdam und der T N O, Delft wurden

> Korund
> Zinnerz-Schlacke
> Zircosil (Zirkonsand)

untersucht.

Über Korund wurde bereits berichtet. Es wird für Spezialaufgaben immer in Frage kommen.

Zinnerzschlacke ordnete sich in die anderen Versuche mit Sonderschlacken in bezug auf Lebensdauer und Abtragwirkung ein. Das Material war sehr unterschiedlich in der Körnung und wies einen erheblichen Anteil an Stäbchen auf. Ein Hinweis, ob das Material in Deutschland zu beschaffen sein würde, ließ sich nicht finden. Die Verwendung wurde als möglich vorgeschlagen.

Zirkonsand liegt im Preis bei 180.-- DM/t. Seine Körnung ist jedoch äußerst fein, so daß ein Rauhstrahlen, wie es für die Verbrauchsgüter erforderlich ist, nicht durchgeführt werden kann. Für Feinarbeiten, also für Dental-Arbeiten, für kunstgewerbliche Aufgaben und für das Läppstrahlen werden spezielle Untersuchungen lohnen. Das Material kann mit dazu dienen, in dem bezeichneten Aufgabenkreis Quarzsand zu ersetzen, zumal hier die Preisrelation zwischen Quarzsand und Zirkonsand nicht die ausschlaggebende Bedeutung besitzt.

Besondere Unterstützung erfuhren die Versuche durch das Staubforschungs-Institut, den Herren Prof.Dr.WINKEL und Dr.SCHMIDT, Bonn, auf deren Anregung vornehmlich der Einsatz von Strahlbasaltit zurückgeht. Weiter wurde von diesen Herren der Vorschlag gemacht, Schmelzbasalt, Silizium-Carbid, Silimanit und Magmalox-Material zu untersuchen, da für sie die Unbedenklichkeit in hygienischer Hinsicht als vorhanden anzusehen ist.

Silizium-Carbid zeigte kaum eine Abtragwirkung und schied daher aus.

Die anderen genannten Materialien sind z.Zt. in der Industrie in einem solchen Maße für andere Aufgaben nötig, daß nicht damit zu rechnen ist, hier für Strahlaufgaben nennenswerte Mengen abzweigen zu können.

Als Sonderform wurde Glasschrot untersucht, da Schrot bei metallischen Strahlmitteln bessere Lebensdauerwerte aufwies. Wenn auch die Abtragwirkung bei Schrot nicht so groß ist wie bei Kies, so war anzunehmen, daß sie bei der guten Wirkung von Glaskies ausreichend hoch sein würde. Da alle mineralischen Strahlmittel zerbrechen, so wird auch Glasschrot im Betrieb nach gewisser Zeit zu Kies zerbrechen und somit einen ausreichenden Anteil an schneidendem Material beim Strahlen liefern. Wird dazu die Körnung etwas größer als bei Kies gewählt, so ist durch die höhere kinetische Energie ein gewisser Ausgleich der Wirkung zu erreichen. Für viele Aufgaben hat sich nämlich durch den Einsatz von Drahtkorn gezeigt, daß die schneidende Wirkung in einer Vielzahl von Fällen nicht unbedingt nötig ist. In den Fällen aber, in denen Schrot anschließend zu Kies zerbricht, kann bis auf wenige Ausnahmen ein gröberes Schrot als Eingangskörnung verwendet werden. Diese Kenntnisse lagen dem Gedanken zugrunde, Glasschrot zu verwenden. Die Versuche haben die aus den metallischen Strahlmitteln her bekannten Tatsachen bestätigt. Da der Preis dieser Kugeln jedoch etwa beim Doppelten von Korund liegt, so können nur Sonderfälle im Bereich der hier zu diskutierenden Aufgaben für dieses Material in Frage kommen.

Auf Anregung des Staatl.Gewerberats GRONEMANN, Essen, wurde Schlacke aus Schmelzkammerkesseln untersucht. Diese ist in ausreichender Menge in der Nähe und zum Preis von 3.-- DM/t zu erhalten, jedoch ungebrochen und unklassiert. Lebensdauer und Abtragwirkung lagen höher als bei den untersuchten Sonderschlacken. Der Preis der Aufbereitung muß jedoch mit etwa 50.-- bis 60.-- DM/t angesetzt werden. Die Untersuchung auf freie Kieselsäure [28] erbrachte nur Spuren, zeigte aber je nach Probe-Entnahme 4 - 11% Quarzglas. Der nicht einwandfrei zu umreißende Preis und der Anteil an Quarzglas waren der Grund, hier die Versuche abzuschließen.

Günstige Aufbereitungsverhältnisse könnten dem Material eine Bedeutung besonders für das Strahlen im Freien eröffnen.

Somit ergab sich, daß drei Stoffe, Glaskies, Hochofenschlacken- und Strahlbasaltit-Kies für den betrieblichen Versuch aufgrund der hier aufgezeigten Überlegungen heranzuziehen waren.

32. Versuche in der Druckluft-Prüfkabine

Die Labor-Versuche in der Schleuderstrahlkabine hatten die Möglichkeit erbracht, die Betriebsversuche zu planen und zu beginnen. Da jedoch anzunehmen war, daß gleichartige Versuchsbedingungen wie beim Betriebsversuch noch manche zusätzlichen Aufschlüsse vermitteln könnten, wurde eine Prüfkabine für das Druckluftstrahlen gebaut.

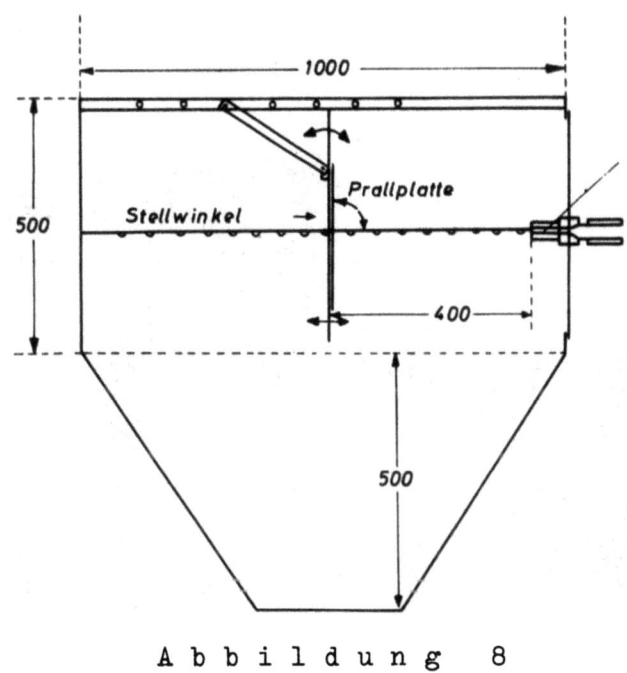

A b b i l d u n g   8

Maßskizze der Versuchs-Druckluft-Strahlkabine

Eine solche Anlage muß gewährleisten, daß alle betrieblich veränderlichen Größen in der Kabine eingestellt werden können. Die Düse muß fest eingebaut sein, um ein Verschieben des Strahlbildes zu vermeiden. Sie muß sich auswechseln lassen, um Düsen mit unterschiedlichem Durchmesser verwenden zu können. Als Prallfläche ist eine Einrichtung zu wählen, die es erlaubt, unterschiedliche Materialien zu befestigen. Es soll die Möglichkeit gegeben sein, die Wirkung des gleichen Strahlmittels auf verschiedene Werkstoffe zu untersuchen. Schließlich muß die Prallfläche im Abstand und im Winkel einstellbar sein. Für die Druckluftzuführung ist zu fordern, daß der Druck einregelbar ist und daß sich die verbrauchte Menge messen läßt. Das Strahlmittel ist aufzufangen. Die Kabine ist mit einer Absaugung zu versehen, die sich auf verschiedenen Unterdruck einstellen läßt. (Hiervon wurde abgesehen.)

Die Normen über Verschleiß (DIN 50320), Strahlverschleiß (DIN 50332) und Verschleißprüfung (DIN 50330), sehen keine konstruktiven Einzelheiten einer solchen Strahlanlage vor, so daß der Bau ohne konstruktive Bindungen durchgeführt werden konnte.

Die Kabine ist als Skizze in Abbildung 8 und in der Ausführung in den Abbildungen 9 und 10 wiedergegeben.

Abbildung 9
Außenansicht der Versuchs-Druckluft-Strahlkabine

Abbildung 10
Blick in das Innere der Versuchs-Druckluft-Strahlkabine

Als Strahlapparat wird ein Einkammer-Druckstrahlgerät der Firma SISSON-LEHMANN, Paris (Abb.11) benutzt, das dem Berichter bereits früher zu anderen Zwecken zur Verfügung stand.

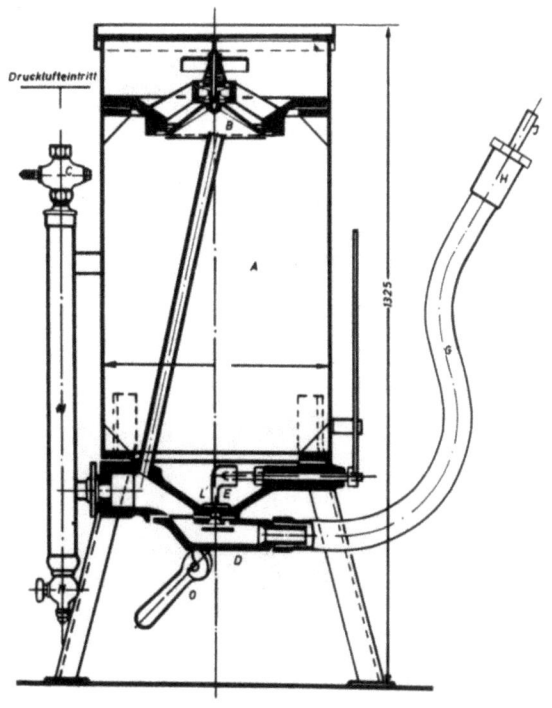

A b b i l d u n g   11

Schema einer Druckluft-Strahleinrichtung
(Drucksystem)

Die Prüfkabine besteht aus einem aus Stahlblech geschweißten Gehäuse mit einer an der Vorderfront eingebauten Tür. In deren Mitte ist die Strahldüse (GH) eingelassen. An der Unterseite befindet sich ein angeschweißter Trichter, der in einem auswechselbaren Behälter mündet. Die Kabine ist im Innern mit Gummi ausgekleidet, um einen Verschleiß der Wände zu vermeiden, wie auch alle Undichtigkeiten durch Gummiabdichtungen verhindert werden. Zusätzlich befindet sich an der Hinterwand ein Stutzen, an dem eine Staubabsaugung angeschlossen werden kann.

Im Innern der Kammer sitzt eine Rasterleiste, die es erlaubt, den Abstand der Prüfplatte von der Strahldüse einzustellen und die Prüfplatte um ihre Waagerechte so zu drehen, daß der Strahl unter verschiedenen Winkeln auf die Prüfplatte auftreffen kann.

Die Arbeitsweise des Einkammer-Druckstrahlgebläses wird in Abbildung 11 veranschaulicht. Das im Druckbehälter (C) befindliche Strahlmittel wird durch die Nebenleitung (K) unter Druck gesetzt. Durch die Öffnung (E) strömt das Strahlmittel in die Mischdüse (B). Dort wird es in den Druckluftstrom gegeben und durch eine angeschlossene Schlauchleitung (F) zur Düse befördert und aus dieser auf das Werkstück geschleudert. Kleinkabinen gemäß Abbildung 12 arbeiten heute in der Regel nach diesem Verfahren.

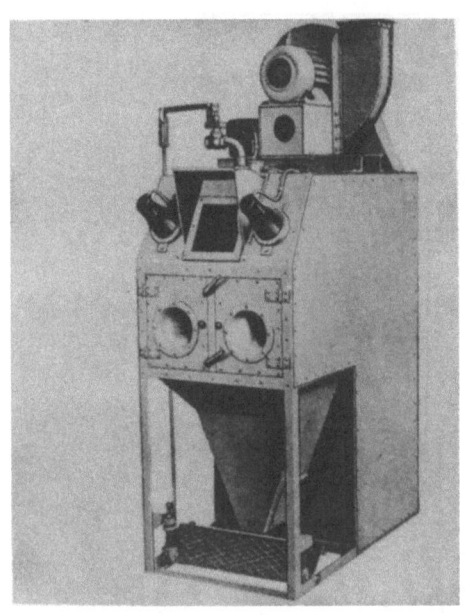

Abbildung 12

Kleinkabine zum Druckluft-Strahlen mit
Hand-Bedienungslöchern

Da aufgrund der Versuche in der Schleuderstrahlkabine das Programm für die Betriebsversuche abgegrenzt war, sollten die Versuche in der Druckluft-Strahlkabine weitgehend dazu dienen, allgemeine Erkenntnisse über das Verhalten von Strahlmitteln und besonders über das Verhalten beim Druckluftstrahlen zu liefern.

Zuerst wurden Versuche mit Quarzsand gefahren, um den Einfluß des Druckes der Luft, des Abstandes der Prallplatte von der Düse, den des Auftreffwinkels und des Düsendurchmessers zu bestimmen, nachdem die Abhängigkeit der Lebensdauer von der Korngröße untersucht worden war.

Im Normalversuch wurde Quarzsand mit Siebbereich 1,5 - 1,75 mm verwendet, bei 9 mm Düsendurchmesser, 460 mm Abstand der Prallplatte von der Düse, 2 atü Betriebsdruck und 1 kg Einsatzmenge. Gesiebt wurde nach jedem Durchlauf bei gleichem Siebsatz und 10 Minuten Siebdauer.

Wie Diagramm 7 zeigt, ist der Kurvenverlauf der gleiche wie bei den Versuchen in der Schleuderstrahlkabine. Ein absoluter Vergleich mit den Kennwerten der theoretischen Sollkornlebensdauer beim Schleuderstrahlen ist nicht möglich, da das Einhalten der gleichen Quarzsorte für den Umfang der Versuche nicht möglich war.

In Diagramm 8 sind die gemäß Diagramm 7 auftretenden Unterkörnungen eingezeichnet. Diese Abbildung deckt sich mit den Erfahrungen beim Strahlen

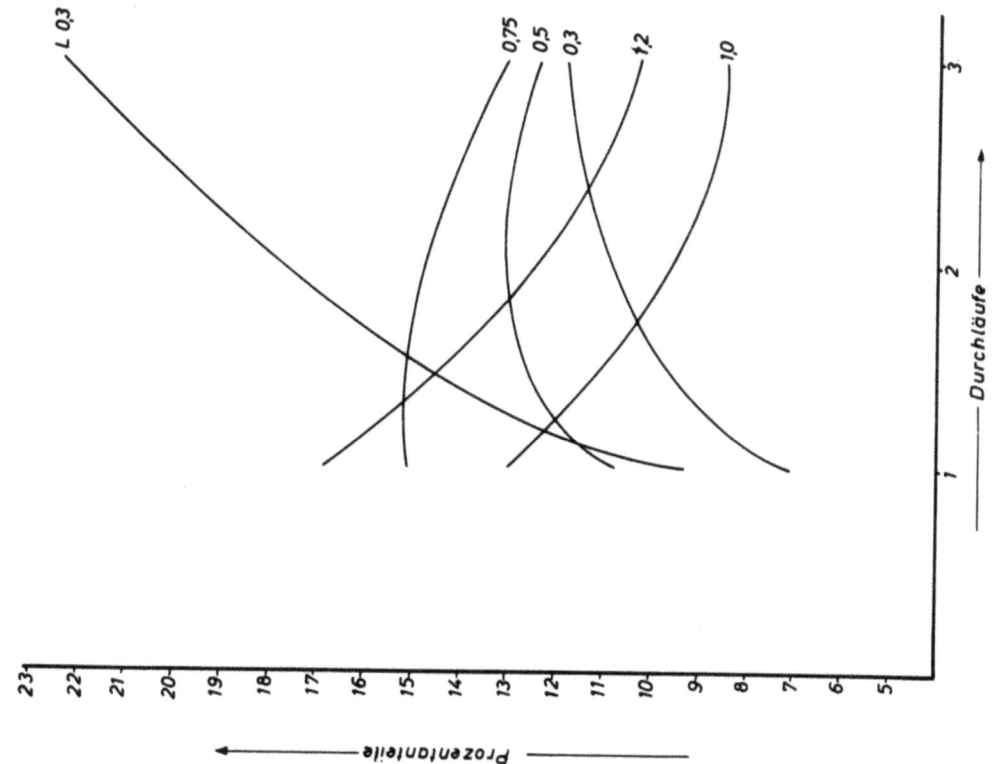

Diagramm 8

Analyse der Unterkörnungen beim Strahlen von Quarzsand von 1,5 mm Sollkorn

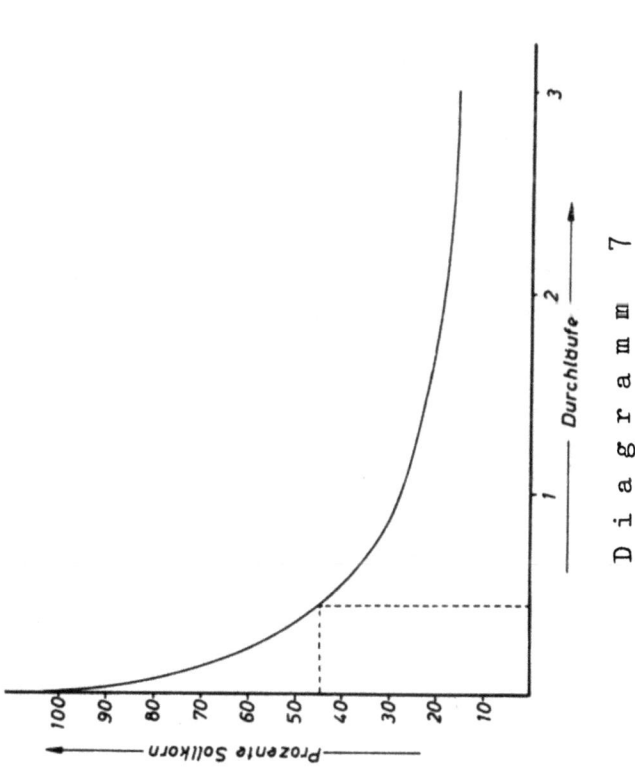

Diagramm 7

Sollkornabnahme von Quarzsand 1,5 mm

mit Eisenstrahlmitteln. Der Abbau einer größten Körnung bedingt, daß die darunterliegenden Körnungen ansteigen. Jedoch überdeckt sich diese Tendenz mit der eigenen Zertrümmerung dieser Korngrößen. Somit werden die darunterliegenden Körnungen einem Maximum zustreben, um dann selbst im Anteil wieder geringer zu werden. Durch die starke Zertrümmerungsneigung des Materials tritt diese Tendenz bei den zwei Unterkörnungen 1,2 und 1,0 mm nicht mehr in Erscheinung. Bei der Körnung 0,75 mm ist das Maximum nicht stark ausgeprägt. Die Körnung 0,3 mm wird vom Abbau im Bereich der Untersuchung noch nicht erfaßt.

Um den Einfluß verschiedener Kornformen aufzuzeigen, wurde diesem Versuch ein weiterer mit Flußsand gegenübergestellt. Das Korn des Flußsandes war sehr kompakt, vorwiegend rundlich, die Oberfläche glatt, wie sie durch Schleifbewegungen entsteht. Splittrige Körner waren kaum enthalten. Beim verwendeten "Gebläsekies" erschien das Korn gleichfalls recht kompakt, doch war es wesentlich eckiger und wies einen erheblichen Anteil andersfarbiger Bestandteile auf. Es handelte sich dabei nicht um Verfärbungen, wie beim Flußsand. Die andersfarbigen Körner waren schon durch größere Porosität zu erkennen und bestanden aus Kalk, Gips und Kreide. Sie werden als Fraktion eine erheblich geringere Lebensdauer gegenüber den Quarzkörnern besitzen, so daß nun die mittlere Lebensdauer des angelieferten Gesamt-Materials wesentlich nach unten verschoben wird. Aus Diagramm 7 geht hervor, daß die theoretische Sollkornlebensdauer $L_{ths-45;\ 1,5/1,5}$ hier unter einem Durchlauf liegt. Sie betrug für gleiche Kennwertfestsetzung bei Flußsand 4,3 Durchläufe.

In einer weiteren Versuchsreihe wurden nun die eingangs angeführten veränderlichen Versuchsgrößen, Druck der Luft, Düsenabstand, Düsenwinkel und Düsendurchmesser untersucht.

Das Diagramm 9 zeigt den Einfluß der Korngrößen bei Normalbedingungen des Versuchs, also 2 atü, 460 mm Düsenabstand, 9 ⌀ mm Düsen und des Druckes als Veränderliche. Es stellt sich der bekannte Kurvenverlauf ein, wonach die theoretische Sollkornlebensdauer mit abnehmender Körnung größer wird. Daß jedoch die praktische Betriebslebensdauer der größeren Körnung höher liegt als die einer kleinen Körnung, wurde als logische Tatsache bereits herausgestellt. Dies läßt sich auch am Staubanteil je Drucklauf nachweisen. Bei der praktischen Betriebslebensdauer wird festgestellt, wie lange ein Strahlmittel in einer Betriebsmaschine umläuft, bis es nach völligem Verschleiß ausgeschieden wird, oder wieviel Strahlmittel für eine Strahlarbeit gebraucht wird. Somit muß das Korn in der

Körnung: 0,75-0,5; 1,2-1,0 mm
       1,5 -1,2; 1,75-1,5 mm
       3,0 -2,5 mm
Druck   2,3,4,5, atü

Düsenabstand   460 mm
Einwaage   1 kg
Düsendmr.   9 mm

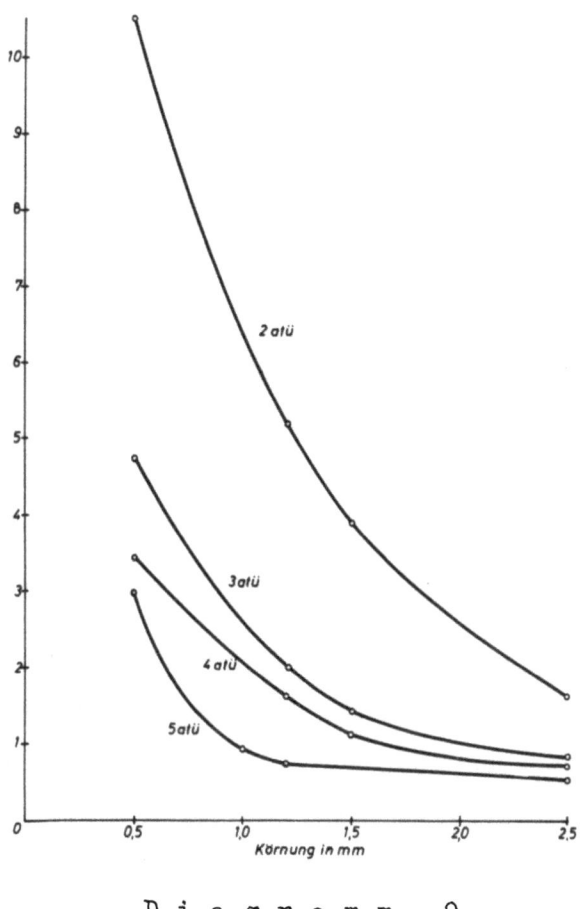

Diagramm 9

Sollkornlebensdauer $L_{ths-45;soll}/soll$ für verschiedene Quarzsandkörnungen
bei verschiedenem Druck beim Druckluftstrahlen

$$L_{ths} = f \; (d \; \text{Körnung})$$

Maschine länger umlaufen können, bei dem weniger Staub in gleicher Zeit anfällt. Im nachfolgenden Diagramm 10 wird gezeigt, wie sich jeweils der Staubanteil des gleichen Materials und bei unterschiedlicher Ausgangskörnung verhält in Abhängigkeit von der Durchlaufzahl. Der Staubanfall ist also bei kleineren Körnungen je Durchlauf größer. Somit ist es auch wesentlich schneller gänzlich verbraucht. Also ist die Betriebslebensdauer kleinerer Körnungen geringer.

Zeichnet man Diagramm 9 um , so wird in Diagramm 11 eine weitere Tatsache sichtbar. Das Verhältnis der Lebensdauerkennwerte ist nicht konstant. Es ist bei jeder Strahlbedingung anders. Hier soll als Veränderliche die

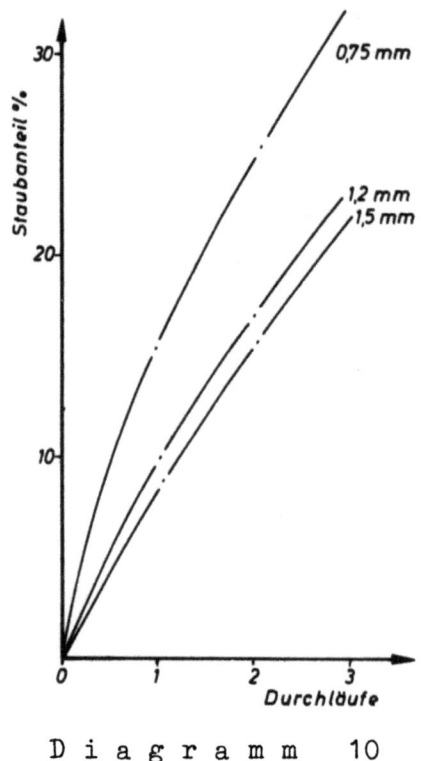

Diagramm 10

Staubanfall beim Strahlen mit Quarzsand verschiedener Körnung

Strahlgeschwindigkeit herausgestellt werden. Es sei vorausgesetzt, daß jedem Druck eine bestimmte Strahlgeschwindigkeit zugeordnet ist. Somit läßt sich diese Kurvenschar zum Beweis der Tatsache verwenden, daß bei unterschiedlichen Strahlgeschwindigkeiten das Verhältnis der Lebensdauer verschiedener Körnungen nicht konstant bleibt, wie es nachstehend näher ausgeführt ist.

Setzt man bei gleichem Material die Kennwerte zweier Körnungen z.B. für 2,5 mm bei 4 und 2 atü Prüfdruck ins Verhältnis, so ergibt sich die Spalte 9 der Tabelle 3. Als Folgerung hieraus ist abzulesen, daß die Kennwertänderung keine lineare Funktion der Druckänderung, also auch nicht der Geschwindigkeitsänderung ist. Setzt man die Kennwerte zweier Körnungen z.B. der von 2,5 und 1,5 mm bei gleichem Druck ins Verhältnis, so ergeben sich die Spalten 6 und 8 der Tabelle. Wäre der Kennwert ein eindeutiges Maß der Güte des Strahlmittels, so müßten die so gefundenen Werte bei verschiedenen Drücken konstant sein. Dies ist nicht der Fall. Somit glaubt der Berichter, daß die Aussagefähigkeit der Kennwerte ein wesentliches Problem der Strahlmittelprüfung darstellt, wie er es zu Beginn andeutete.

Körnung: 0,75-0,5; 1,75-1,5 mm
         1,5 -1,2; 2,5 -3,0 mm
Druck   2,3,4,5, atü
Düsendmr. 9 mm

Düsenabstand 460 mm
Einwaage   1 kg

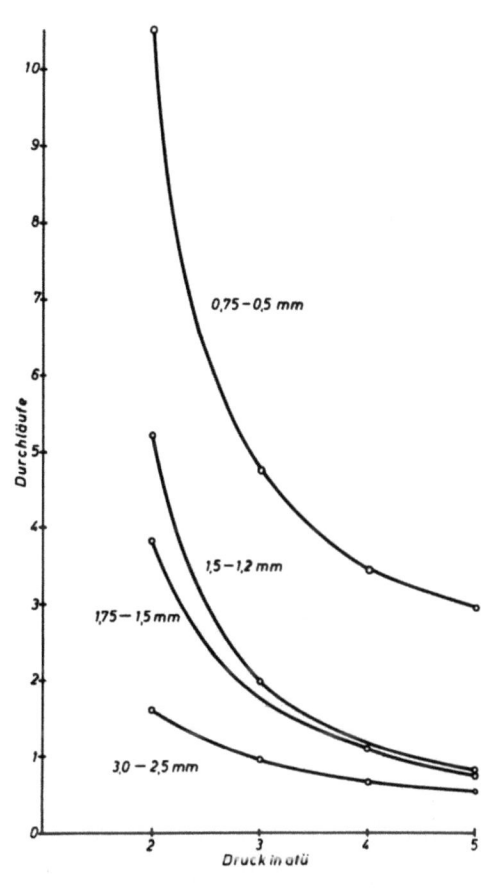

D i a g r a m m   11

Sollkornlebensdauer $L_{ths-45;\ soll/soll}$ für
Quarzsand $L_{ths} = f(at)$

Tabelle 3

Spalte	1	2	3	4	5	6	7	8	9
n	d mm	L_{th-45} 2 atü Durchl.	L_{th-45} 4 atü Durchl.	$L_{th-45(n+1)}$: $L_{th-45(n)}$ 2 atü		4 atü		$L_{th}(2\,atü)$ $L_{th}(4\,atü)$	
1	2,5	1,7	1,4	$\frac{3,7}{1,7}$	2,2	$\frac{2,1}{1,4}$	1,5	$\frac{1,7}{1,4}$	1,2
2	1,5	3,7	2,1	$\frac{5,5}{3,2}$	1,5	$\frac{2,3}{2,1}$	1,1	$\frac{3,7}{2,1}$	1,75
3	1,2	5,5	2,3	$\frac{11}{5,5}$	2	$\frac{3,5}{2,3}$	1,5	$\frac{5,5}{2,3}$	2,4
4	0,5	11	3,5					$\frac{11}{3,5}$	3,15

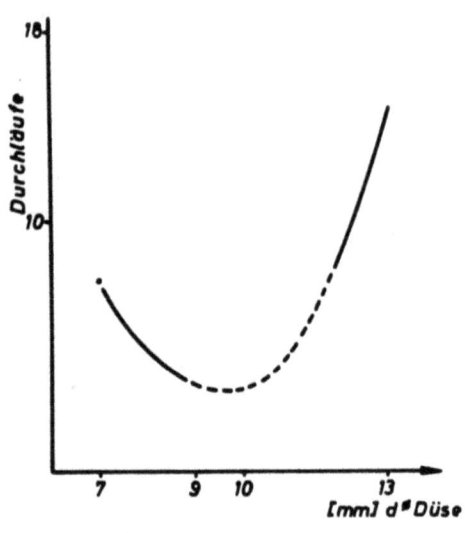

Diagramm 12

Einfluß des Düsenabstandes auf die Sollkorn-Lebensdauer

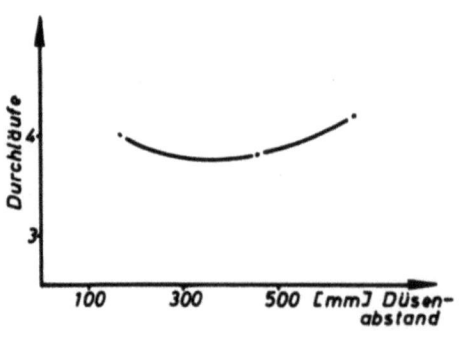

Diagramm 13

Einfluß des Düsendurchmessers auf die Sollkorn-Lebensdauer

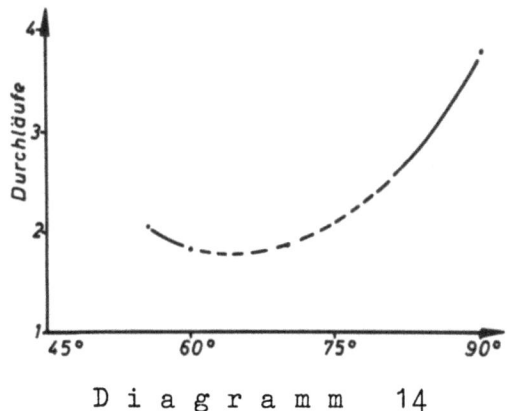

Diagramm 14

Einfluß des Strahlwinkels auf die Sollkorn-Lebensdauer

Die drei Veränderlichen, Abstand, Düsendurchmesser und Stellwinkel der Prallplatte (Diagramm 12,13,14) (Winkelkennzeichnung s.Skizze Abb.8) zeigen untereinander dieselbe Tendenz. Es liegt kein gleichsinniger Verlauf zwischen den veränderten Größen des Versuchs und den gemessenen Kennwerten vor. Bei geringerem Abstand (s.Diagramm 12) als Beispiel wird die Lebensdauer nicht eindeutig gleichsinnig kleiner. Dieselbe Tendenz war beim Schleuderstrahlen mit metallischen Strahlmitteln festzustellen. Als Erklärung kann gelten: Die Zertrümmerungsneigung nimmt mit höherer kinetischer Energie der Teilchen zu, wie es durch die Lebensdauerkurven für veränderliche Drücke, Diagramm 9, nachgewiesen ist. Die Auftreffenergie nimmt sicher mit fallendem Abstand gleichfalls zu, da die Geschwindigkeitsverluste noch nicht so groß sind. Jedoch überlagert sich dieser Tendenz eine zweite. An anderer Stelle nämlich ließ sich nachweisen, daß die Teilchen sich selbst behindern. Diese Behinderung ist von der zunehmenden Dichte des Strahlmittelstrahls in erster Annäherung abhängig. Somit ergibt sich der Verlauf der Lebensdauerkurven für Abstand und Auftreffwinkel sicher als eine Folge der Selbstbehinderung der Strahlmittelteilchen. Für den Kurvenverlauf bei veränderlichem Düsendurchmesser ist eine gleichwertige Erklärung bisher nicht zu geben. Für das Vorhandensein der Selbstbehinderung sollte der Beweis angetreten werden. Dies ist zwar in diesem Zusammenhang nicht so wichtig, bringt aber für das Schleuderstrahlen die Entscheidung dafür, ob Räder mit großer relativer Durchsatzmenge günstiger sind als solche mit kleiner. Der Beweis ist fotografisch möglich, indem mit Hilfe einer Schnellbildkamera der Strahl aufgenommen wird. Mit diesen Aufnahmen ist auch die vielumstrittene Frage lösbar, welche Strahlmittelgeschwindigkeit tatsächlich vorliegt. Für Schleuderräder werden dabei gleichzeitig Strahlrichtung und Strahlgeschwindigkeit meßbar.

Um den Vergleich mit den Versuchen in der Schleuderstrahlkabine zu vervollständigen, war noch die Abtragwirkung und der Düsenverschleiß zu messen. Der Düsenverschleiß ist als Analogie zum Schaufelverschleiß zu betrachten, da er den Verschleiß der Betriebsmittel darstellt. Als Material der Düsen wurde Hartguß verwendet, was üblicherweise im Betrieb nicht eingesetzt wird. Hier sind Hartmetalldüsen anzutreffen, die meist unter dem Namen "Dura-Düsen" bekannt sind.

Das Messen des Düsenverschleißes bereitet keine Schwierigkeiten, da hier der Gewichtsverlust auf die Zeiteinheit zu beziehen ist. Da die Durchsatzmenge innerhalb der acht gefahrenen Durchläufe nicht wesentlich schwankt, so ist dieser Vergleichswert recht betriebsnahe. Zweckmäßigerweise wäre hier eine große Strahlmittelmenge der gleichen Körnung durchzusetzen, um den Wert für den Düsenverschleiß bei festgelegter Körnung zu bestimmen. Wird die gleiche Strahlmittelmenge im Umlauf durchgesetzt, so tritt eine Änderung des Düsenverschleißes ein, der auf die Änderung der Kornform zurückzuführen ist. In diesem Falle wäre dann der Verschleiß je kg Durchsatzmenge anzugeben.

Bei der Abtragwirkung treten die gleichen Schwierigkeiten durch die Korngrößenänderung auf. Andererseits kann durch diese Untersuchung der Einfluß geänderter Korngrößen gleich mit beurteilt werden. Hinzu aber kommt, daß durch diese Änderung das Strahlbild wie bei der Schleuderstrahlanlage beeinflußt wird. Anfangs tritt eine gewisse Vergrößerung der bestrahlten Fläche durch Streuen auf, um schließlich einen sehr konzentrierten Strahl bei sehr feiner Körnung zu erhalten, ohne die Frage abschließend damit behandeln zu wollen. Somit ist zu unterscheiden zwischen der gesamten Abtragwirkung in Gewichtseinheiten und der relativen Abtragwirkung in Gewichtseinheiten, bezogen auf die Einheit der bestrahlten Fläche. Dies wurde hier erstmalig durchgeführt. Beim Schleuderstrahlen hat der Berichter diese Untersuchungen bisher noch nicht quantitativ ausgewertet, sondern nur die Strahlbildwanderung und die Veränderung der Strahlbilder durch Änderung der Korngrößen verfolgt. Auch hier sei dies nur angeführt, um zu zeigen, welche Schwierigkeiten in der Aussagefähigkeit der benutzten Kennwerte liegen.

So zeigt Diagramm 15 die Abtragwirkung verschiedener mineralischer Strahlmittel in Abhängigkeit von den Durchläufen. Aufgrund der bisherigen Untersuchung ist daraus abzuleiten, daß die Einflußgrößen, die den Anlaß zu dem unterschiedlichen Verhalten der verschiedenen Strahlmittel geben, näher zu untersuchen sind. Diese Unterschiede treten bei minera-

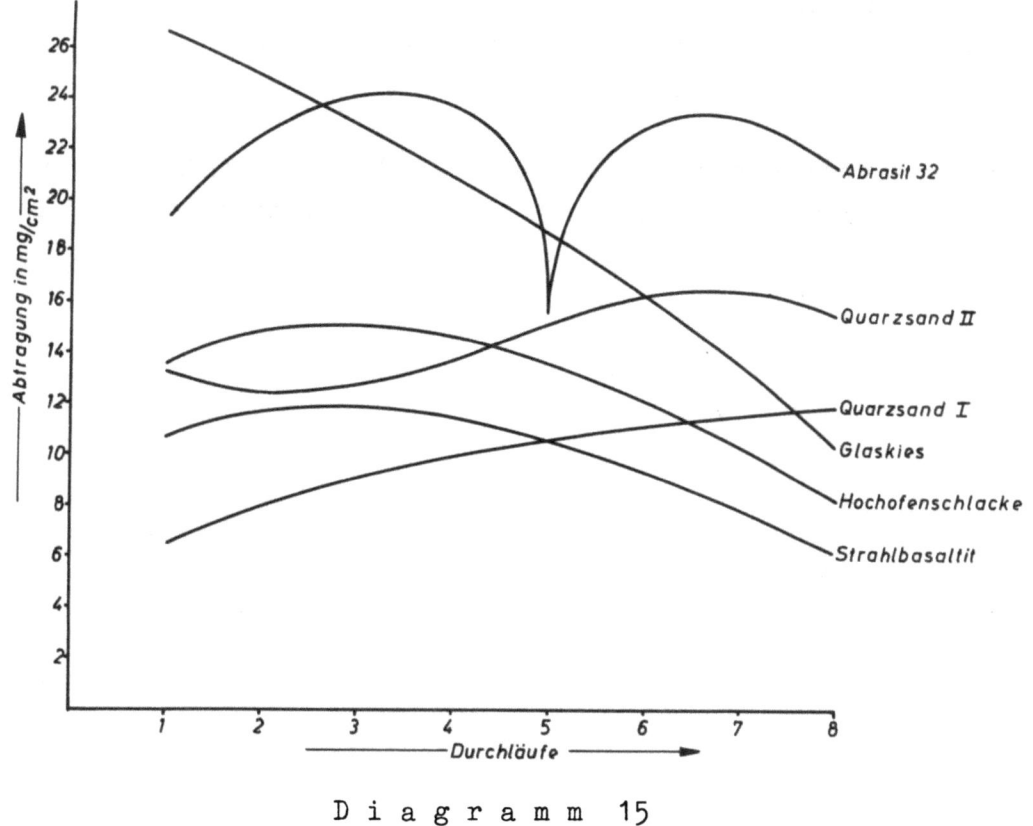

Diagramm 15

Relative Strahl-Abtragwirkung mineralischer Strahlmittel

lischen Strahlmitteln aufgrund der schnelleren Korngrößenänderung wesentlich rascher und damit im Diagramm erheblich deutlicher hervor. Im Großen nähern sich wohl alle Strahlmittel, so wollen es die bisherigen Erkenntnisse nachweisen, der durch die Kurve für Korund (Abrasit 32) dargestellten Form. Es überlagert sich die Wirkung der Kornform, also die Wirkung der Schneidkanten für kantiges Material, und die Wirkung der Kornanzahl, die je Zeiteinheit die Oberfläche trifft, also die Wirkung des Bedeckungsgrades. Das Korn wird, besonders wenn es ein zähes Material ist, sich zunehmend abrunden, wodurch die Abtragwirkung erheblich abnimmt. Bei ausreichender Sprödigkeit wird durch die zunehmende Schlagbeanspruchung es schließlich zu einer Aufsplitterung des Korns kommen, so daß dann wieder eine erhöhte Abtragwirkung eintritt. Diese wird durch die Überlagerung des Bedeckungsgrads ein Maximum ergeben, um dann wieder im gleichen Rhythmus zur Zerkleinerung des Korns weiter zu schreiten. Dabei wird die absolute Höhe des Maximums laufend kleiner. Die gleiche Tendenz ist gut im Fall Quarzsand II, dem Gebläsekies zu verfolgen. Bei Glaskies scheint durch seine Sprödigkeit sich der geschilderte Kurvenverlauf nicht mehr ausprägen zu können. Es sei nochmals darauf verwiesen, daß diese Abtragwirkung die reine Materialabnahme erfaßt, nicht aber den oft wesentlich erwünschteren Zustand, daß das Werkstück ausreichend gearbeitet ist, was meist durch eine "saubere" Oberfläche nachgewiesen wird, und als Kennwert "Spezifische Strahlzeit" bezeichnet wird.

Der Unterschied des gesamten abgetragenen Materials, auf Prallplatten aus ST 34, ist aus den Diagrammen 16 und 17 zu ersehen. Es wurde einerseits die jeweils abgetragene relative Menge festgestellt, indem der

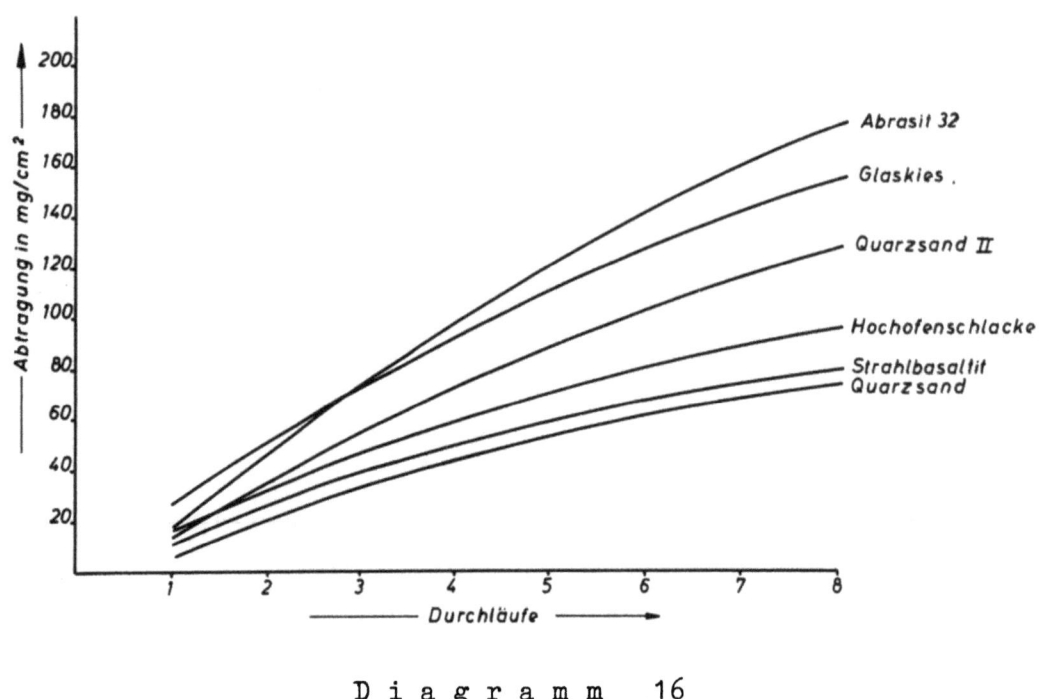

Diagramm 16

Gesamt-Strahl-Abtragwirkung mineralischer Strahlmittel

Gesamtabrieb durch die bestrahlte Fläche geteilt wurde. Das Ergebnis zeigt Diagramm 16. Daß dadurch Fehlschlüsse möglich sind, zeigt der Vergleich mit Diagramm 17. Die Reihenfolge der Strahlmittel bei der Beurteilung ihrer Gesamtwirkung ist nach beiden Diagrammen verschieden. Hat z.B. Korund (Abrasit 32) in der relativen Abtragung den ersten Platz, so ist die beste Wirkung in bezug auf die Gesamtmenge bei Glaskies vorhanden. Glas also streut wesentlich breiter, so daß eine größere Fläche bei gleichen Strahldurchgängen erfaßt wird. Leider läßt sich kein Vergleich mit den Betriebsversuchen für Korund anführen, da dies Material hierfür zu teuer gewesen wäre. Jedoch ist die Überlegenheit des Glaskieses in den Betriebsversuchen gegenüber den anderen Materialien besonders bei den kleinen Körnungen in Erscheinung getreten.

Im Diagramm 17 ist neben der Gesamt-Abtragwirkung noch der Düsenverschleiß im Balkendiagramm mit aufgetragen. Es wird dabei die auch beim

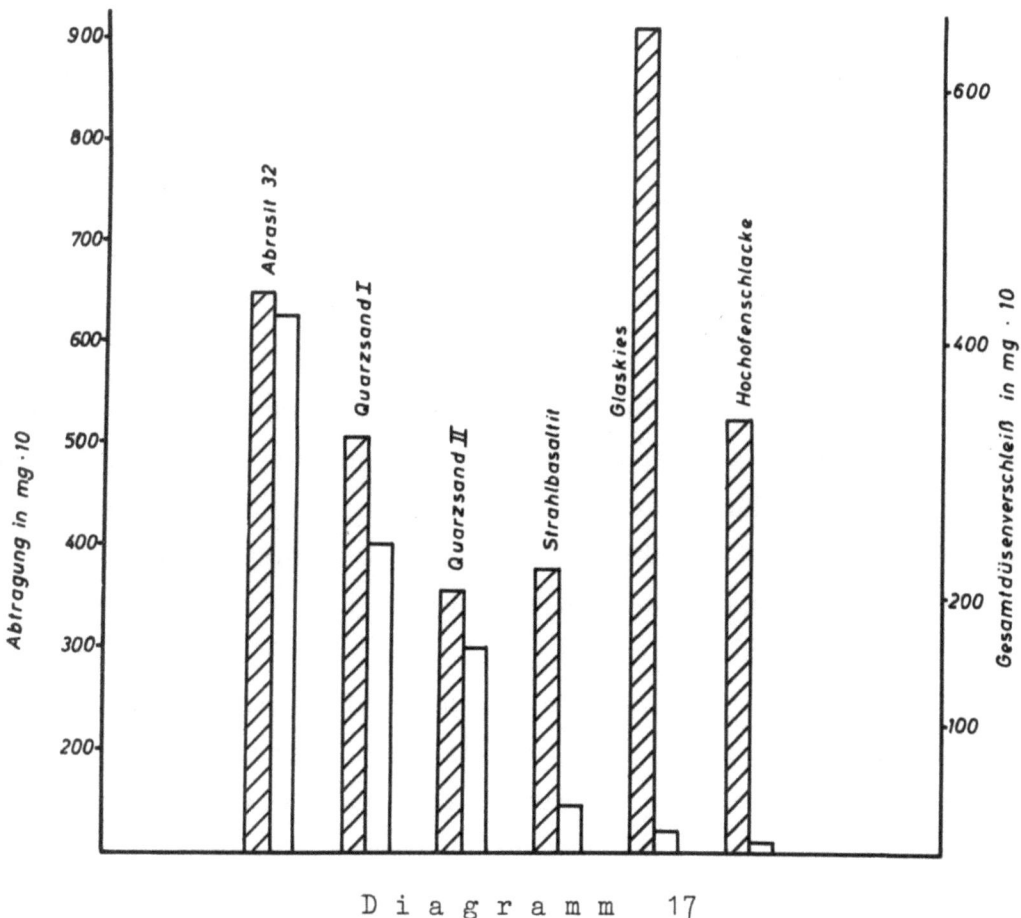

Diagramm 17

Gesamt-Strahlabtragwirkung und Gesamt-Düsenverschleiß mineralischer Strahlmittel

▨ Gesamt-Abtragwirkung   ☐ Gesamt-Düsenverschleiß

Schleuderstrahlen erkannte Tatsache festgestellt, daß Abtragwirkung und Verschleiß der Betriebseinrichtungen, also der Düsen oder Schaufeln, nicht parallel laufen. Eine gute Abtragwirkung kann mit einem geminderten Verschleiß der Schaufeln und hier der Düsen parallel laufen. Dies beruht wohl sicher auf dem unterschiedlichen Prall- und Gleitverschleiß verschiedener Stoffe. Beim Schleuderstrahlen konnte bei der Untersuchung von Prallschutzmaterial gefunden werden, daß sich bestimmte Stoffe als Schutz gegen reinen Prallverschleiß und andere gegen den Gleitverschleiß eignen. Besondere Sorgfalt ist aber aufzuwenden, wenn kombinierter Verschleiß vorliegt, also Gleit- und Prallverschleiß.

Die hier angestellten Versuche sollten im wesentlichen der zweiten Aufgabe dienen, Erkenntnisse über das Verhalten von mineralischen Strahlmitteln sammeln zu helfen. Die Auswahl geeigneter Stoffe als Ersatz für Quarzsand war in der Schleuderstrahlkabine begonnen worden und hatte Ergebnisse gezeigt. Diese waren dann bereits jeweils umgehend in Betriebsversuchen nachgeprüft worden. Die Versuche in der Druckluft-Prüfkabine liefen später an, da die erforderlichen Mittel zu Beginn nicht zur Verfügung standen und schon Vorversuche zum Einleiten der Betriebsuntersuchungen vorlagen. Somit erschien es sinnvoller, sich um die Sammlung allgemeiner Ergebnisse in der Druckluft-Prüfkabine zu bemühen, als die schon laufenden Versuche im Betrieb durch Untersuchungen im Labor zu untermauern.

Als Ergebnis dieser mehr das Theoretische berührenden Versuche steht die Erkenntnis, daß die Vorstellungen, die sich beim Schleuderstrahlen gebildet haben, auch auf das Druckluftstrahlen und auf mineralische Strahlmittel übertragbar sind. Die Grundsatzfolgerung wurde bereits eingehend angeführt. Bei all den kommenden Überlegungen über die Normung der Strahlmittel-Prüfung muß darauf gesehen werden, daß die Aussagefähigkeit der ermittelten Prüfwerte als Beurteilungsgrundlage eingehend untersucht wird. Vorläufig läßt sich nur durch die lange Erfahrung des Prüfenden ein Gütevergleich verschiedener Strahlmittel aus den Versuchsergebnissen abschätzen.

33. Hygienische Begutachtung der Strahlmittel

Nach Mitteilung [33] der Medizinischen Forschungsanstalt der Max-Planck-Gesellschaft in Göttingen sind Korngrößen von 0,5 - 5 μ lungengängig, am stärksten jedoch solche von 1 - 2 μ. Diese Größen sind Bestandteile der Stäube, die eingeatmet zu Silikoseerkrankungen führen. Daher ist besonders in diesem Aufgabenbereich darauf zu achten, daß Quarzstaub verhindert wird.

Dies ist durch den Einsatz von Eisenstrahlmitteln in großem Umfange bereits erfolgt, soweit der Staubanfall von Strahlmitteln herrührt. Bei Strahlaufgaben an Oberflächen, die selbst SiO_2 enthalten oder an denen Quarz haftet, bleiben daneben die Aufgaben bestehen, wie sie als Staubschutzmaßnahmen allgemein bekannt sind. Diese Aufgaben werden heute zunehmend beachtet. Die "Reinhaltung der Luft" in und außerhalb der Betriebe ist zu einem öffentlichen Anliegen allgemein-gültiger Art geworden, da ihre Wirkung auf die Gesamtheit voll erkannt wurde. So ist auf die allgemeine Entstaubung der Maschinen und Arbeitsplätze und der Räume, in denen Strahlanlagen stehen, besonders Wert zu legen. Bei der Mitteilung über die Gefährdung durch Silikose beim Strahlen mit Glas führte das Staubforschungsinstitut der gewerblichen Berufsgenossenschaften Bonn, Prof.Dr.K.SCHMIDT an, daß nur die normalen Fenster- und Flaschengläser völlig ungefährlich sind. Das reine Quarzglas hat eine fibrogene Wirkung, die allerdings schwächer ist als die von Trydimit, Christobalit oder Quarz. Durch eine Anfrage des Veiligheid-Institut, Amsterdam, wurde bekannt, daß in den Niederlanden den möglichen Hauterkrankungen beim Arbeiten mit Glasstaub erhebliche Beachtung gewidmet wird. Dort war beim Strahlen mit Glaskies in Kabinen mit ungeschützten Händen eine unangenehme Hautreizung aufgetreten. Die eigenen Versuche mit Glaskies ergaben, daß in einem Fall ähnliche Vermutungen möglich sein könnten. Darauf wurde bei Glashütten angefragt, ob diese Hautreizungen bei ihnen zu finden seien. Es ergab sich, daß nur gelegentlich jemand, der scheinbar allergisch ist, unter einer solchen Behinderung leidet. Als Parallele sei aufgeführt, daß ein Arbeiter, der Strahlarbeiten durchführte und stark sensibel ist, sogar unter Hautausschlag an den Händen litt, obwohl er nur mit Hartguß und anderen Strahlmitteln auf Eisenbasis arbeitete.

Eine weitere Antwort auf diese Frage kann aus einem speziellen Aktenvermerk einer Glashütte gegeben werden. In diesem Betrieb kann an vier verschiedenen Stellen mit ständiger Einwirkung von Glasstaub gerechnet werden, bei der Glasperlenproduktion, der dazugehörigen Mahlanlage, dem Gemengehaus für Gußglas und dem für Preßglas. Von den 18 Personen in diesen Abteilungen litt bisher einer an einem durch seine Tätigkeit hervorgerufenen Hautekzem. Es ist wohl anzunehmen, daß sich bei Personen, die für Glasstaub anfällig sind, bei längerer Einwirkung Schwierigkeiten ergeben können. Dabei ist aber zu beachten, daß solche allergischen Reaktionen nicht nur bei Glas, sondern auch bei jedem anderen Staub bekannt sind. Aus einem anderen Bericht geht hervor, daß in Glashütten nur da Silikose aufgetreten ist, wo die Leute mit Quarzstaub in Berührung gekommen sind, also in der Gemengekammer und in der Schleiferei. Im Glas ist die Kieselsäure an CaO und Na_2O gebunden. So hat man in Bergwerken CaO-Aerosole zur Bekämpfung der Silikose versprüht, damit die Kieselsäure an Kalk gebunden wird. Wenn gute Strahlanlagen vorhanden sind und auch die üblichen Schutzmaßnahmen (Brille, Handschuhe, Schutzanzug nach Bedarf) getroffen werden, wird mit Erfolg Glas zu verwenden sein.

In England und den Niederlanden werden aufgrund des gesetzlichen Verbots des Einsatzes von Quarzkies zum Strahlen, neben den Eisenstrahlmitteln Korund und Zirkonsand eingesetzt. Beide haben kein freies SiO_2 und sind damit ungefährlich.

Die von Prof.Dr.K.SCHMIDT durchgeführte Untersuchung von Hochofenschlacke zeigte bei vier Proben außerordentlich stark schwankende Gehalte an Quarzglas bzw. Kristallglas von 2 - 15%. Die Untersuchung erfolgte chemisch, optisch und röntgenographisch. Neben Quarzglas fanden sich noch Spuren von Quarz, aber kein Trydimit und Christobalit. Quarzglas ist silikosegefährlich, aber erst bei Gehalten über 10%. Somit weist die Schlacke eine erhebliche Silikoseminderung auf. Eine weitere Untersuchung der Hochofenschlacke zeigte ein weit besseres Bild. Hier lag nur ein Quarzglasgehalt von etwa 0,1% vor.

Neben der Hochofenschlacke wurde auch Kesselschlacke aus Schmelzkammerkesseln untersucht. Sie setzt sich aus 35,9% Kieselsäure, 32,4% Tonerde, 16,28% Eisenoxyden, der Rest 15,42% aus CaO, MgO, K_2O, Na_2O, SO_3 und P_2O_5 zusammen. Die im Schlackengranulat enthaltene Kieselsäure ist teils an Tonerde, teils an Eisenoxyd und auch an CaO gebunden. Der Rest freier Kieselsäure liegt bei 8,9%. Es ist damit zu rechnen, daß die Analysen von Schlacken aus anderen Kesselanlagen ähnliche Ergebnisse zeigen werden. Die Gefährdung ist auf alle Fälle erheblich geringer als die durch Quarzkies.

Strahlbasaltit wurde ebenfalls auf seinen Kieselsäureanteil untersucht, wobei festgestellt wurde, daß sich ein Quarzgehalt von nur 0,3 - 0,4 - 0,5% ergibt und nur Spuren von Christobalit. Damit besteht keine Silikosegefahr.

Chromschlacke, die schon wegen ihrer mäßigen Eigenschaften gegenüber Quarzsand ausgeschaltet wurde, ließ auch hinsichtlich des Kieselsäuregehaltes einen Einsatz als Strahlmittel nicht ratsam erscheinen. Die Bestimmung der freien Kieselsäure in dieser Chromschlacke erfolgte nach Angabe des Staubforschungsinstitutes Bonn sowohl mikroskopisch als auch nach dem Phosphorsäureaufschlußverfahren chemisch. Als Gehalt wurden 12 - 16% freier Kieselsäure festgestellt.

Zusammenfassend kann festgestellt werden, daß die Ersatzstoffe ohne SiO_2-Anteil, wie Korund oder Zirkonsand vom Standpunkt der Silikose-Gefährdung in gleicher Weise zu behandeln sind wie die Eisenstrahlmittel.

Aufgrund der Untersuchungen des Staubforschungs-Instituts der gewerblichen Berufsgenossenschaften, Bonn, Prof.Dr.SCHMIDT, wird es sich bei Schlacken aller Art empfehlen, eine jeweilige, eigene Beurteilung der Schlacken durchzuführen. Bei Hochofenschlacke ist in der Regel nicht mit einer Gefährdung zu rechnen, wenn der Anteil an Quarz ausreichend niedrig liegt. Somit ist eine Beobachtung der Zusammensetzung zweckmäßig. Bei Glaskies wird kaum eine Untersuchung angebracht sein, denn die billigen Glasscherben bestehen praktisch stets nur aus Fenster- oder Flaschenglas. Doch ist darauf zu achten, daß allergische Personen von dieser Arbeit ferngehalten werden. Die bekannten Maßnahmen zum Schutze freier Körperteile sind angebracht.

Bei Strahlbasaltit wird die geeignete Wahl der Fundstätte die Gewähr bieten, daß über längere Zeit die Begutachtung des Strahlmittels für die Lieferungen zutrifft. Eine Gefährdung ist bei der zur Verfügung gestellten Qualität nicht anzunehmen. Somit ist vom Standpunkt der Silikose-Gefährdung Strahlbasaltit den Schlacken vorzuziehen.

Ein Staub, der über 10% Quarz enthält, kann laut Gutachten [30] bei größerer Staubkonzentration von über 800 Teilchen/cm^3 durchaus Silikosen bei achtstündiger Arbeitszeit hervorrufen. Es erscheint daher nicht tunlich, einen solchen Stoff als Ersatz für Quarzsand zum Abstrahlen zu verwenden. Erfahrungsgemäß treten wesentlich höhere Staubkonzentrationen auf. Eine Verhinderung von Silikose durch Einsatz eines solchen Stoffes erscheint nicht gegeben.

Es erscheint nach der eingehenden Besprechung mit Herrn Prof.Dr.SCHMIDT nicht angebracht, Grenzen des freien SiO_2-Gehalts nach oben festzulegen. Eine solche starre Regelung erscheint z.Zt. sicher verfrüht. Aus diesem Grunde ist die Empfehlung zu geben, daß der Einsatz eines Materials durch ein spezielles Gutachten zu klären ist.

4. Betriebsversuche

41. Vorbemerkung

Von den im Labor untersuchten mineralischen Strahlmitteln wurden Glaskies, Hochofenschlacke und Basalt für geeignet angesehen, in betrieblichen Großversuchen eingesetzt zu werden. Es wurden in mehreren Werken Versuche gefahren. Den Firmen, die hierfür ihre Einrichtungen zur Verfügung stellten, sei besonders gedankt.

Die Versuche sollten klären, ob die Ersatzstrahlmittel auch die betrieblichen Anforderungen erfüllen. Das bedingt, daß die Oberfläche genügend rauh und sauber ist, und daß kein erhöhter Ausschuß beim nachfolgenden Emaillieren eintritt. Weiter sollte herausgearbeitet werden, in welchem Umfange eine Minderung des Strahlmittelverbrauchs durch das Ersatzstrahlmittel eintritt.

Die Rauhigkeit der Oberfläche wurde subjektiv durch die betrieblichen
Führungskräfte aufgrund ihrer Erfahrung begutachtet. Der Ausschuß wurde
mit den mittleren Ausschußzahlen der Produktion verglichen. Dem Emaillierwerk war dabei die Umstellung auf ein anderes Strahlmittel nicht bekannt.
Eine spezielle Kennzeichnung der Werkstücke war nicht erforderlich, da
betrieblich eine laufende Numerierung der Produktion erfolgt. Es wurde
im Versuchsabschnitt jeweils die Gesamtproduktion mit den Ersatzstoffen
gestrahlt, so daß eine einwandfreie Kontrolle gegeben war.

Der Verbrauch für Quarzsand für die vorliegende einheitliche Produktion,
praktisch nur eines Werkstückes, ist als betrieblicher Mittelwert genau
bekannt. Es wurde mit einer bekannten Menge des Ersatzstrahlmittels nun
solange gestrahlt, bis es verbraucht war. Die dabei gestrahlte Anzahl
der Werkstücke wurde festgestellt.

42. Versuch mit Glaskies

Die Versuche begannen mit Glaskies in Werk I. Ein Vorversuch am 16.3.56
klärte, daß die Oberfläche der Werkstücke selbst bei sehr feiner Körnung
noch den betrieblichen Erfordernissen entsprach. Das Emaillieren verursacht kaum Schwierigkeiten. Somit war in diesem Falle die erste Fragestellung, "technischer Ersatz des Quarzsandes", zufriedenstellend gelöst.

Das verwendete Material stammte aus dem Bruchglasanfall einer Glashütte,
enthielt viel Feinkörnung und konnte nicht als zweckmäßige Strahlmittelkörnung angesehen werden. Somit war aus diesem Versuch kein Rückschluß
auf die zweite Fragestellung, "wirtschaftlichen Ersatz des Quarzsandes",
möglich. Glas erschien als Ersatzstrahlmittel deshalb geeignet, weil es
keine Silikosegefahr verursacht und vom betrieblichen Einsatz her beim
Emaillieren kein Anlaß zu Schwierigkeiten gegeben war, wie der Versuch
ergeben hatte. Die Wirtschaftlichkeit schien gegeben zu sein, denn der
Preis des Bruchglases auf den Glashütten wurde etwas höher angegeben,
als er für Quarzsand bekannt ist. Dazu mußte angenommen werden, daß von
bestimmten Glashütten Bruchglas gern abgegeben würde, um bessere Schmelzvoraussetzungen für die eigene Produktion zu erhalten. Als Lieferer
neuer Flaschen sind die Hütten im Zuge des Kundendienstes verpflichtet,
Bruchflaschen zurückzukaufen. Somit wurden die Versuche mit Glaskies
als Strahlmittel nun darauf abgestimmt, die geeignete Körnung zu ermitteln, um damit auch die Wirtschaftlichkeit abschätzen zu können.

Daher wurde ein Großversuch mit 5 Tonnen Glaskies angesetzt, der etwa eine Tagesproduktion umfassen sollte. Leider stellte sich heraus, daß das Glas dieser Lieferung, also gemahlene Scherben der Glashütten, aufgrund der dort üblichen Brechmethode viel splittrige Körner enthielt. Diese sind zwar in einem Querschnitt maßgerecht, doch durch Schrägstellen geben sie zu oft zum Verstopfen der Düsen Anlaß. Durch Aussieben wurde dann eine geeignete Körnung bis 0,3 mm hergestellt, so daß für den Versuch 2 995 kg zur Verfügung standen. Trotzdem mußte statt mit 8 ⌀ mm Düsen mit 12 ⌀ mm Düsen gefahren werden. Da die Strahlanlage nur für einen maximalen Vorschub der Werkstücke ausgelegt ist, dieser aber bereits bei den Vorversuchen mit kleinerer Düse erforderlich war, so wurden Werkstücke mit Hilfe der 12 ⌀ mm Düsen sicher zu gut bestrahlt. Der Verbrauch betrug nach Abbruch des Versuches und Rückwaage des verbleibenden Strahlmittelrestes 8,4 kg/Werkstück bei sonst 16,4 kg/Werkstück bei Quarz. Es zeigte sich weiter, daß durch Verbesserung der Körnung, vornehmlich durch Erzielen einer wesentlich kompakteren Kornform, sich eine größere Verbrauchsminderung würde erreichen lassen.

Um die richtige Körnung zu ermitteln, wurden nun Versuche mit verschiedenen Körnungen angesetzt. Zuerst wurde mit Glaskies der Körnung 1-1,5 mm gefahren. Als Versuchsmenge wurden 500 kg verwendet. Mit dieser wären bei Quarzsand 30 Werkstücke zu strahlen gewesen. 30 gestrahlte Stücke ließen sich mit Sicherheit auch mit dieser feinen Körnung Glaskies erreichen, weitere 20 konnten noch ausreichend dekapiert werden. Doch trat bereits eine größere Staubentwicklung auf, die für normalen Betriebsablauf nicht vertretbar ist. Auch hier zeigte sich die Tatsache, daß Glaskies als Strahlmittel selbst bei kleinsten Körnungen noch sehr gut angreift. Weiter war festzustellen, daß der Staub fester in Bodennähe liegt, so daß sicher eine stärkere Absaugung bei bestimmten Anlagen erforderlich werden könnte. In der benutzten Anlage machte sich dies nur dadurch bemerkbar, daß beim Beobachten des Strahlraumes eine günstigere Sicht im Inneren vorhanden war.

Durch diese Ergebnisse ermuntert, wurde versucht, auch bei anderen Werkstücken in Werk II die Wirkung von Glaskies zu erproben. Nach einem ersten Versuch, der den Erfahrungen des vorherigen Ergebnisses nicht entsprach, wurden nun als Versuchsmaschinen ein Sprossentisch und ein Putzhaus mit Freistrahlgebläse bei 2 atü bei eingehender Kontrolle für das Dekapieren herangezogen. Es handelte sich hier um kleinere Teile oder auch um Blechteile von Kochherden. Zu dem Zweck wurden beide Anlagen gesäubert und mit Glaskies gefüllt. Bei dem ersten Versuch handelt es sich mit Sicherheit um Fehlmessungen, die auf unvollkommene Überwachung des Versuchsablaufs zurückgeführt werden können.

Bei der Strahlkabine waren bisher 57,5 kg/h Quarzkies verbraucht worden. In diesem Falle wurden 31 kg/h Glaskies (= 54%) benötigt. Beim Sprossentisch lagen die Zahlen bei 24 kg/h für Quarzsand und 14 kg/h bei Glaskies (= 57%). Es konnte damit etwa abgeschätzt werden, daß eine Verbrauchsminderung auf 60% in allen Fällen wohl zu erwarten ist.

In Werk III wurde, da der Bedarf anlag, versucht, auch in Schleuderstrahlanlagen einen sehr groben Glaskies von 1 - 5 mm Körnung zum Strahlen von Al-Teilen einzusetzen. Das Ergebnis entsprach den Voraussagen. Die sehr grobe Körnung ergibt eine viel zu rauhe Oberfläche. Die scharfen Kiesteilchen schlagen sehr tief in die Oberfläche ein, so daß die Nacharbeit erheblich erschwert wird. Das Strahlmittel ist nach wenigen Durchläufen durch die Maschine schon weitgehend zerschlagen. Mineralische Strahlmittel lassen sich eben nur zum Erzielen spezieller Oberflächen-Effekte in Schleuderstrahlanlagen einsetzen und sind dort praktisch nur den metallischen Körnungen als Hilfsstoff beizugeben. Für das Strahlen von Aluminiumguß in Druckluftstrahlanlagen läßt sich bei richtiger Wahl der Körnung und des Druckes auch Glaskies als Strahlmittel einsetzen.

Nach diesen Bestätigungsversuchen in den Werken II und III lag nun für das Strahlen der Großwerkstücke in Werk I eine Glaskieskörnung 1 - 2,5 mm vor. Zur Verfügung standen 500 kg. Der Versuch lief im wesentlichen ohne Verstopfung der Düsen ab, jedoch traten durch splittrige Körnungen schon gelegentliche Schwierigkeiten auf. Somit muß daraus gefolgert werden, daß bei splittrigem Korn auf keinen Fall Körner über 2,5 mm vorhanden sein dürfen. Diese Auffassung deckt sich auch mit der alten Betriebsansicht, daß der Korndurchmesser nur ein Viertel des Düsendurchmessers betragen darf. Die Düse wird mit 8 mm Durchmesser im Neuzustand verwendet. Hierbei hatten sich aber Körnungen bis 2,5 mm bei Quarzsand gut verarbeiten lassen. Somit wurde auch versucht, die gleiche Körnung für Glaskies anzustreben, um ein möglichst großes Ausgangskorn einzusetzen. Hierdurch kann der Strahlmittelverbrauch, wie dargestellt, erheblich vermindert werden. Jedoch läßt sich der betriebliche Richtwert der Körnung - 1/4 Düsendurchmesser = Korndurchmesser - nur bei kompaktem und weitgehend arrondiertem Korn stärker überschreiten. Für Glaskies und auch für splittrige Körnungen bei Schlacken muß dieser Grenzwert genauer eingehalten werden, wie die weiteren Versuche mit anderen Materialien gleichfalls ausweisen. Also muß als die eine Forderung an die Ersatzmittel gestellt werden, daß die Körnung in Form und Abmessung gut in Übereinstimmung mit dem Düsendurchmesser zu wählen ist. Dabei ist der Richtwert "1/4 Düsendurchmesser" genauer als bei Quarzsand einzuhalten. Auch dieser Versuch bestätigte den angeführten Wert, daß mit einer Minderung auf 60% des Verbrauchs zu rechnen ist. Mit der Körnung 1-2,5 mm wurden die Versuche mit Glaskies abgeschlossen. Es wurde festgestellt, daß der Ersatz von Quarzsand durch Glaskies für Dekapierzwecke möglich ist. Als Einschränkung ergibt sich, daß eine geeignete Kornform zu finden ist, und daß Überschreitungen der Korngröße durch splittrige Anteile nicht zuzulassen sind. Durch gute Absaugung ist dafür zu sorgen, daß bei allergischen Bedienungsleuten keine Hautreizungen auftreten können. An üblichen Strahlkabinen, an Drehtischen und Durchlaufanlagen trat eine Behinderung nicht auf. Allein dort, wo im Freistrahlverfahren der Bedienende in den Strahlraum der Kabine hineinkommt, ist die Möglichkeit größer, daß Hautreizungen auftreten können. Dies ist z.B. bei Kleingebläsen denkbar, bei denen der Mann durch die Handlöcher in die Kabine greift (Abb.12). Hier wäre dann ein anderes Strahlmittel zu empfehlen, sofern der Bedienende empfindlich ist. Die entsprechenden Stoffe z.B. Korund oder Zirkonsand, wurden bereits besprochen.

Soweit war nun zu prüfen, ob das Strahlmittel wirtschaftlich in Erwägung gezogen werden kann. Zu Beginn der Versuche, die sich über mehr als 1 1/2 Jahre hinzogen, war zu erwarten, daß Glasbruch von den Glashütten gern zur Verfügung gestellt werden würde, zu Preisen, die um 40.-- DM/t angesetzt werden konnten. Die eigenen Versuche hatten ergeben, daß eine Zusatzabsiebung erforderlich ist. Vielleicht ist durch spezielles Brechen, vornehmlich den Kreiselbrechern, ein besonders kompaktes Korn zu erzielen.

Somit würde sich der Preis bei der vorgefundenen betrieblichen Lebensdauer, die das 1,67-fache des Quarzsandes betrug, einschließlich der Fracht auch auf den 1,67-fachen Wert stellen können. Für das Industriegebiet würde sich damit etwa ein Preis von 50.-- bis 60.-- DM/t ergeben können. Der billige Lieferant, die Glashütten, fiel aber im Laufe der Versuchszeit aus. Durch verfahrenstechnische Umstellung verursacht dort der Anteil des Altglases nicht mehr die gleichen Sorgen wie zu Beginn der Versuche, so daß andere Lieferanten gesucht werden mußten. Es gibt hierfür Spezialmahlwerke, die kleinere Mengen in der hier gewünschten Körnung oberhalb von 100.-- DM/t anbieten. Eine Kalkulation, die hierfür zur Verfügung gestellt wurde, wies folgende Posten aus:

Rohstoff (Scherben)	35.-- DM/t
Zerkleinerungslohn	10.-- DM/t
Stromkosten	10.-- DM/t
Abschreibungen	10.-- DM/t
Allgemeine Unkosten	20.-- DM/t

Werden Verpackung, Verkaufskosten und Gewinn hier nicht weiter betrachtet, so ergeben diese Einzelposten bereits einen Betrag von 85.-- DM/t. Setzt man voraus, daß die Posten für eine nicht voll ausgelastete Anlage erstellt wurden, so werden sich Lohn, Abschreibung und allgemeine Unkosten wesentlich mindern. Zu untersuchen war also, ob der Einstandspreis des Rohstoffes nicht zu senken ist. Gerade in dieser Zeit (September 1957) wurde die Frage der Einwegflasche eingehend erörtert. Der Berichter schaltete sich dabei ein und bat das R K W, Frankfurt, um die Prüfung der Frage, ob die anfallenden Flaschen nicht als Rohstoff für diese Aufgabe verwendet werden könnten.

Leider bringt dies gleichfalls keine Lösung, denn der wesentlichste Punkt der Überlegung, die Minderung des Rohstoffpreises, ist damit nicht zu erzielen. Schätzt man, daß bei Ausnutzung der möglichen Gewichtsminderung für Einwegflaschen diese dann im Mittel 250 g wiegen, so werden je Tonne 4 000 Flaschen benötigt. Somit stehen für Sammeln und Fracht bei 35.-- DM/t Bruchglaspreis nur je Flasche 0,875 Pfg. zur Verfügung. Damit führt dieser Versuch zu keinem Ergebnis, da er zur Preisminderung nicht beitragen kann.

Es war daher anzunehmen, daß ein Angleichen des zweckmäßigen Preises - Quarzsandpreis • Lebensdauer des Ersatzstrahlmittels - und des schätzbaren niedrigsten Preises für Glaskies aufgrund der angezeigten Kostenverhältnisse schwer zu erreichen sein würde. Die Strahlmittelkosten würden sich für das Werk I um etwa 50% erhöhen. Es mußte also ein anderes Mittel gesucht werden.

43. Versuche mit Hochofenschlacke

Aufgrund der Versuche mit Glaskies konnte bei Hochofenschlacke als Ersatzstoff die Versuchsdurchführung vereinfacht werden. Zuerst war durch einen Vorversuch zu klären, ob die erzielte Oberfläche keine Beanstandungen beim nachfolgenden Emaillieren ergab. Dabei war gleich zu klären, ob die Körnung in gleicher oder ähnlicher Weise zu Störungen Anlaß geben würde, wie dies bei Glaskies aufgetreten war. Schließlich mußte dann die Wirtschaftlichkeit beurteil werden.

Schon in den Jahren 1924 - 1926 [31] war Hochofenschlacke von Thomasroheisen zum Putzen von Gußstücken benutzt worden. Sie war nochmals versuchsweise im Jahre 1950 verwendet worden, konnte aber nach Angabe des Eisenwerkes Gelsenkirchen nur zum Dekapieren verwendet werden, da sie nicht scharf genug angriff. Der Kies aus Hochofenschlacke war damals von dem Dortmund-Hörder-Hüttenverein bezogen worden. Es handelte sich um Körnungen bis etwa 6 mm, jedoch nicht unter 3 mm. Die chemische Zusammensetzung war etwa 44% CaO, 33% SiO_2, das im wesentlichen als Silikat gebunden vorlag. Der MgO-Gehalt schwankte zwischen 7 und 10%, der Gehalt an Al_2O_3 stieg bis 20%, wenn Minetteerz in den Hochofen eingesetzt wurde.

Nach der gleichen Mitteilung wurde von der Verwendung der Hochofenschlacke zum Putzen von Gußstücken abgesehen, da sie nicht ausreichende Wirkung besaß, was auf zu geringe Härte zurückgeführt wurde. Hochofenschlacke von Ferrosilizium ist zwar härter, aber zeigt trotzdem keine wesentlich günstigeren Eigenschaften. Der Verbrauch lag unverhältnismäßig hoch, da die Schlacke glasig und deswegen sehr spröde war. Durch die weitgehende Zertrümmerung des Schlackensandes war die Staubentwicklung sehr groß. Trotz dieser negativen Beurteilung, die nicht als allgemeingültig anzusehen ist, wurde die Verwendung von Hochofenschlacke überprüft und ein Betriebsversuch mit 4 t durchgeführt. Die Oberfläche war angemessen aufgerauht. Auch traten keine Schwierigkeiten beim Emaillieren auf. Jedoch kam diese im Versuch verwendete Schlacke nicht für den Großeinsatz infrage. Sie wird vom Lieferwerk vornehmlich für die Zementherstellung verwendet und stand nur zum Zeitpunkt des Versuchs zu anderen Zwecken zur Verfügung.

Als Strahlmittel muß Schlacke benutzt werden, die anschließend gebrochen wird. Dazu muß sie möglich wenig Zerfallsneigung besitzen. So wurde ein Werk gesucht, dessen Schlacke hauptsächlich zu Schlackensteinen oder zu Straßenbausplitt verarbeitet wird, so daß hier bereits gebrochenes Material vorhanden ist. Die der gewünschten Absiebung am nächsten kommende Fraktion liegt bei 1 - 3 mm und wird zu etwa 10.-- DM/t verkauft. Sie enthält unter den heute üblichen Herstellungskosten etwa 30% Material mit 1 - 2 mm Größe. Die für Strahlzwecke obere Kostengrenze von etwa 40.-- DM/t könnte danach möglich sein, wenn das Aussieben von Material der Körnung 1 - 2 mm ohne Schwierigkeiten durchführbar wäre. Das Erstellen der nötigen Körnung ist der entscheidende Faktor der gesamten Überlegungen. Da die anfallende Schlacke heute voll für Straßenbauzwecke abgesetzt werden kann, würde sich eine solche Umstellung der Produktion nur lohnen, wenn besonders günstige Verhältnisse für den Einsatz der Hochofenschlacke vorliegen.

Bei den Laborversuchen hatte sich gezeigt, daß die anfallende Schlacke oft sehr porös, und die Körnung oft gleichfalls splittrig oder besonders stark scheibenförmig anfällt. Gerade das scheibenförmige Material aber mindert die Abtragwirkung und die Lebensdauer, was sicher mit ein Grund für die Beurteilung in den Eisenwerken-Gelsenkirchen gewesen sein kann. Die angestellten Laborversuche bestätigten zum Teil auch die Aussagen der Eisenwerke, wenn man die Kenntnisse über die Kornformen und ihre Wirkung mit in die Betrachtung einbezieht. Deshalb lag das Hauptziel der Versuche darin, eine kompakte Kornform mit billigen Mitteln zu erstellen. Auch müßte zu gewährleisten sein, daß das angelieferte Material trocken und ohne Unterkörnung, also weitgehend ohne Staub, geliefert werden kann. Dies aber ist für die Großproduktion eines Straßenbaustoffes eine kaum zu realisierende Forderung.

Jedoch wurde dem Berichter auf seinen Wunsch eine Körnung in Sonderabsiebung und spezieller Brechung geliefert, die wesentlich kompakter ausfiel. Sie wurde in die Betriebsmaschine eingesetzt. Düsenverstopfungen traten hierbei nicht auf. Jedoch war trotzdem nur eine Verbrauchsminderung in geringem Umfange vorhanden, die mit 10% angegeben werden kann. Setzt man diesen Wert für die Berechnung des vertretbaren Preises ein, so kommt man zu dem angeführten Wert von etwa 40.-- DM/t, wobei dies schon als die obere Grenze anzusehen ist. Aus der Beschreibung der Erstellung einer solchen Körnung ist ersichtlich, daß dieser Aufwand nur zweckmäßig erscheint, wenn dem Werk der Absatz dieser Spezialkörnung in größerem Umfange zugesichert werden kann. Da aber diese Garantie schwer zu geben ist, so war es also zweckmäßig, weiter nach einem anderen Ersatzstoff zu suchen.

Für die Hochofenschlacke gilt, daß sie für den beabsichtigten Zweck verfahrenstechnisch geeignet ist. Die richtige Wahl der Körnung aber bestimmt den Einsatzerfolg. Damit wird für Aufgaben, die mit den üblichen Körnungen des Straßenbaus auskommen, der Einsatz sicher wirtschaftlich, wenn Staub und Körner mit zu geringer Masse klein gehalten werden können.

44. Versuche mit Basaltit

Die Versuche mit dieser Spezialkörnung aus Naturbasalt liefen in bereits beschriebener Weise, meist parallel zu den anderen Versuchen, in Werk I ab. Es erübrigt sich daher, über die Durchführung näher zu berichten. Wieder mußte vornehmlich die zweckentsprechende Körnung bestimmt werden. Auch hier besteht die Sorge, daß durch die Vorbehandlung entweder ein zu großer Anteil an scheibenförmigem oder splittriges Material auftreten kann. Die daraus sich ergebenden Schwierigkeiten wurden bereits besprochen. Daher mußte eine Sonderkörnung herausgearbeitet werden, deren Vorstufen jeweils in Labor- oder kleinen Betriebsversuchen auf ihre Brauchbarkeit untersucht wurden. Da jeder Betriebsversuch eine Störung der Produktion darstellt, glaubt der Berichter, den Herren der Betriebsleitung dieses Werkes seinen ganz besonderen Dank sagen zu müssen. Ohne ihre Geduld wären die Versuche sicher nicht zu Ende zu führen gewesen.

Vorversuche klärten die Aufrauhwirkung und die Eignung für das nachfolgende Emaillieren. Die Verbrauchsminderung konnte im Mittel mit 30% geschätzt werden.

Parallel zu diesen mit Erfolg durchgeführten Versuchen wurde dann bei einem Werk IV mit gleicher Produktion wie Werk I die gefundene Körnung ohne spezielle Versuche eingesetzt. Dort mußte nach dem Schwarzstrahlen, also dem Putzen von Gußstücken vor dem Emaillieren, nochmals dekapiert werden, denn das Putzen erfolgte mit Eisenstrahlmitteln in einer Schleuderstrahlanlage. Die Druckluftstrahlanlage besteht aus einem Drehtisch, der dort bisher mit 2 atü betrieben wurde. Der Druck wurde auf 3 atü erhöht, da die Wirkung des Strahlmittels dem Werk bei 2 atü nicht genügte. Man stellte also dort eine Minderung der Abtragwirkung fest, die zur Erhöhung des Druckes Anlaß gab, da sich bei höherem Druck eine bessere Abtragwirkung ergibt. Auch hier ist anzunehmen, daß der jeweilige Anteil an scheibenförmigem Material der wesentlichste Anlaß zu dieser Maßnahme war. Auf die Körnungswahl ist also auch weiterhin wesentlich zu achten. Bei diesen Versuchen wurde eine eingehende Aufschreibung des Strahlmittelverbrauchs nicht vorgenommen. Jedoch ist der Tagesverbrauch im Mittel auf 2/3 gesunken.

Zum Abschluß dieser Versuche wurde dann eine verbesserte Körnung im Großversuch in Werk I gefahren, um über eine längere Zeit im kontrollierten Versuch die Aussagen des Betriebsversuchs bei Werk IV zu erhärten. Hierfür standen 30 t Basaltit zur Verfügung. Es wurde einerseits "schwarzgestrahlt", also geputzt und anschließend in einer zweiten Maschine dekapiert. Somit wurde hier für beide anfallenden Aufgaben entsprechend der Handhabung dieses Werkes der Quarzsand ausgeschaltet.

Die eingesetzte Körnung hatte die in Tabelle 4 aufgeführte Siebanalyse.

Tabelle 4

Siebweite in mm	Basaltit in %	Quarzsand in %
3	-	3
2,5	-	39
2,0	-	49
1,75	1	3
1,5	11,3	2
1,2	27,5	1,5
1,0	25,9	1
0,75	31,2	0,5
darunter	3,2	1

Die Siebanalyse des üblicherweise in Werk I verwendeten Quarzsandes ist in der zweiten Spalte der Tabelle ausgewiesen.

Auch der Großversuch brachte die bisher bekannten Ergebnisse: Schwierigkeiten in der Emaillierung traten nicht auf. Diese etwas klein gewählte Körnung hatte denselben Verbrauch wie Quarzsand.

Legt man den in Werk IV nun schon seit einem Jahr laufenden Betriebseinsatz zugrunde, so läßt sich der mittlere Preis einer Ersatzkörnung Basaltit damit sicher ermitteln. Der Einstandspreis von Quarzsand kann mit 33.-- DM/t einschließlich Fracht angenommen werden. Werk IV gab eine Verbrauchsminderung um 1/3 an, was einer Steigerung des Ausbringens auf das 1 1/2-fache entspricht. Setzt man aus Sicherheit nur eine Steigerung um 1/3 an, so wäre der vertretbare Preis mit 45.-- DM/t unter den oben angeführten Bedingungen anzugeben. Wenn es sich der Lieferer zur Aufgabe macht, durch geeignete Maßnahmen die Körnung noch weiter zu verbessern, d.h. in diesem Zusammenhang, daß die Masse der Teilchen bei gleicher Absiebung wesentlich größer ausfällt, dann ist eine Steigerung der Lebensdauer damit sicher in größerem Umfange zu erreichen.

Besonders unter Berücksichtigung der Tatsache, daß in einem Werk nun seit einem Jahr dieser Ersatzstoff mit Erfolg verwendet werden kann, und in Verbindung mit dem angeführten Großversuch, der auch für das Schwarz-

strahlen ein positives Ergebnis brachte, glaubt der Berichter für seine
Untersuchungen - für Emaillierzwecke einen Ersatzstoff für Quarzsand
ausfindig zu machen - den positiven Nachweis erbracht zu haben.

5. Schlußbetrachtungen

Quarzsand als Strahlmittel wird seit mehr als einer Generation vom hygienischen Standpunkt aus abgelehnt. Zu einem Verbot des Gebrauchs ist es jedoch in Deutschland bisher nicht gekommen. Andere Länder sind diesen Weg gegangen und haben sich über die dabei auftretenden erhöhten Kosten für bestimmte Güter weitgehend hinweggesetzt.

Die deutsche Gewerbeaufsicht und auch die gewerblichen Berufsverbände sehen den Ersatz des Quarzsandes beim Strahlen als eine ihrer wesentlichsten Sorgen an und versuchen, durch ständiges Einwirken auf alle Zweige der Wirtschaft, den Gebrauch von Quarzsand einzuengen. In ständiger Folge ist nachweisbar, daß immer wieder der Vorstoß unternommen wird, weitere Gebiete des Quarzsandstrahlens auszuschalten. Zu einem generellen Angriff gegen das Quarzsandstrahlen ist es jedoch bisher nie gekommen. Weshalb es in England und den Niederlanden zu einem Verbot kommen konnte, wäre daher sicher eine Studie wert. Der Berichter glaubt, daß die Kenntnisse über den Ersatz von Quarzsand durch andere Strahlmittel bei Einführung des Verbotes dort nicht im gleichen Umfang vorlagen, wie sie durch den Berichter gemacht werden können.

Es muß als Tatsache gewertet werden, daß heute keine Strahlaufgabe vom technischen Standpunkt aus noch mit Quarzsand durchgeführt werden muß. In vielen Fällen, in denen in Strahlkabinen mit Freistrahlgebläsen und Maske gearbeitet wird, kann ohne technische Schwierigkeiten in der Regel auf Eisentrahlmittel übergegangen werden. Hierbei wird sich sogar - und das erscheint dem Berichter deshalb besonders bemerkenswert - zusätzlich noch eine Kostensenkung einstellen. Bei Strahlaufgaben für Leicht- und Buntmetall wird durch einen Großversuch nachzuweisen sein, daß sich die hier besprochenen Materialien ebenfalls verwenden lassen. Selbst wenn man voraussetzt, daß die im Werk IV aufgezeigte Minderung der Putzwirkung sich bemerkbar machen kann, so ist sie sicher für diese Werkstoffe ausreichend. Schwierigkeiten sieht der Berichter für das reine Freistrahlen für Bauwerke und Bauwerksteile, gleich ob als Gebäude oder als Stahlbaukonstruktion, als Brücken oder Schiffe. Deshalb klammerte er diese Überlegungen aus diesen Versuchen aus. Hier muß eine ausreichende und dem Quarzsand vergleichbare Putzwirkung bei etwa gleichen Kosten erreicht werden. Diesen Ersatzstoff zu erstellen oder die untersuchten Stoffe hierfür einzusetzen, war in diesem Versuchsprogramm nicht möglich, da es sich wesentlich darum handeln wird, für die vorhandenen geeigneten Materialien zweckentsprechende Körnungen zu erarbeiten. Hierfür werden größere Mittel sicher erforderlich sein. Die Anregung aber zu geben, in dieser Richtung die Arbeit fortzusetzen, ist ein wesentliches Anliegen des Berichters.

        Baurat Dipl.Ing. WALDEMAR GESELL

6. Literaturverzeichnis

[1] WILLIAMS — "Das Sandstrahlen zu industriellen Zwecken" Journal of the Society d'Arts, 12.2.1875

[2] BROOKSBANK — "Geschichte des Sandstrahlens" Iron Age, 1896, S.640/42

[3] — Erlaß Preußischer Minister für Wirtschaft und Arbeit, III C 526/34-IIIa 1209/34 Min.d.I. vom 6.2.1934

[3a] — +) Lit.-Angabe dortselbst 9 Lit.-Stellen von 1931-1933

[4] GEIGER, C. — Handbuch der Eisen- und Stahlgießerei Springer-Verlag, Berlin II.Auflage, 1928, S.506-507

[5] WAHL, H. und F.HARTSTEIN — "Strahlverschleiß" Franckh'sche Verlagshandlung, Stuttgart 1946

[6] WELLINGER, K. und H.NETZ — "Gleitverschleiß, Spülverschleiß, Strahlverschleiß unter der Wirkung von körnigen Stoffen" VDI-Forschungsheft 449, Ausgabe B, Band 21, 1955

[7] WELLINGER, K. — "Sandstrahlverschleiß" Metallkunde 1949, Heft 10

[8] WELLINGER, K. und H.NETZ — "Verschleißuntersuchungen an Gummi" Z VDI 1954, S.43/47

[9] HURST, I.E. und I.H.D.BRADSHAW — "Aussagen über die Eigenschaften von Hartguß-Strahlmitteln" Foundry Trade Journal 1937, S.447,448,450; 474/76

[10] HURST, I.E. und W.TODD — "Eine Untersuchung von metallischen Strahlmitteln im Gebrauch" Foundry Trade Journal 1938, S.408-412

[11] HURST, I.E. — "Prüfmethoden metallischer Strahlmittel" Foundry Trade Journal vom 22.1.1948

[12] NEVIILE, F.W. — Zuschrift zu [11] Foundry Trade Journal vom 28.2.1948

[13] MOSHER, N. — in Steel Processing, April 1951, S.175/78, 203

[14] RILEY, PARK, SOUTHWICK — "Prüfen metallischer Strahlmittel" Sheet metal Industrie, Ausgabe Nov./Dez.1950

[15] — SAE-Manual on Blast-Cleaning Society of Automotive Engineers, New York, Nr.Sp-124-

[16]	GESELL, W.	Metalloberfläche 1954, S.30/32; 41/45 Gießerei 1952, S.630/34 Gießerei 1954, S.160/64
[17]	BICKEL, E.	"Metallische Strahlmittel und ihre Prüfung" Stahl und Eisen 1956, S.1116/28
[18]	KRAUTMACHER, H.	"Beitrag zur Prüfung und Normung von Drahtkorn" Stahl und Eisen 1958, S.1433/1440
[19]		Stegmaier 1950, Privatmitteilung
[20]		Briefwechsel mit dem Centrale Dienst der Arbeidsinspectie
[21]	PELTZER, O.	"Chemisches oder mechanisches Entzundern von Stabstahl" Stahl und Eisen 1955, Heft 3
[22]		Zur Frage der Entzunderung- und Entrostungsstrahlen Bloch 1957, S.127/33
[23]		Privatmitteilung
[24]		VDG-Merkblätter Strahlverfahrenstechnik (Entwurf 1958)
[25]		"Das Strahlen von Stahl" bes.Tafel 3 Beratungsstelle für Stahlverwendung, Merkblatt 212
[26]	GESELL, W.	"Gegenwartsfragen beim Arbeiten nach dem Strahlverfahren" Mitteilungen des VDEFa 1956, S.56/61 besonders Bild 2
[27]		Untersuchungen durch Staubforschungsinstitut der gewerblichen Berufsgenossenschaften, Bonn
[28]		Privatmitteilung
[29]		Staubforschungsinstitut des Hauptverbandes der gewerblichen Berufsgenossenschaften
[30]		Gewerbeaufsichtsamt Recklinghausen

FORSCHUNGSBERICHTE DES LANDES NORDRHEIN-WESTFALEN

Herausgegeben durch das Kultusministerium

MASCHINENBAU

HEFT 45
Losenhausenwerk Düsseldorfer Maschinenbau AG., Düsseldorf
Untersuchungen von störenden Einflüssen auf die Lastgrenzenanzeige von Dauerschwingprüfmaschinen
1953, 36 Seiten, 11 Abb., 3 Tabellen, DM 7,25

HEFT 77
Meteor Apparatebau Paul Schmeck GmbH., Siegen
Entwicklung von Leuchtstoffröhren hoher Leistung
1954, 46 Seiten, 12 Abb., 2 Tabellen, DM 9,15

HEFT 100
Prof. Dr.-Ing. H. Opitz, Aachen
Untersuchungen von elektrischen Antrieben, Steuerungen und Regelungen an Werkzeugmaschinen
1955, 166 Seiten, 71 Abb., 3 Tabellen, DM 31,30

HEFT 136
Dipl.-Phys. P. Pilz, Remscheid
Über spezielle Probleme der Zerkleinerungstechnik von Weichstoffen
1955, 58 Seiten, 19 Abb., 2 Tabellen, DM 11,50

HEFT 147
Dr.-Ing. W. Rudisch, Unna
Untersuchung einer drehelastischen Elektromagnet-Synchronkupplung
1955, 82 Seiten, 65 Abb., DM 17,70

HEFT 183
Dr. W. Bornheim, Köln
Entwicklungsarbeiten an Flaschen- und Ampullen-Behandlungsmaschinen für die pharmazeutische Industrie
1956, 48 Seiten, 24 Abb., DM 11,70

HEFT 212
Dipl.-Ing. H. Spodig, Selm
Untersuchung zur Anwendung der Dauermagnete in der Technik
1955, 44 Seiten, 25 Abb., DM 9.80

HEFT 295
Prof. Dr.-Ing. H. Opitz und Dipl.-Ing. H. Axer, Aachen
Untersuchung und Weiterentwicklung neuartiger elektrischer Bearbeitungsverfahren
1956, 42 Seiten, 27 Abb., DM 10,30

HEFT 298
Prof. Dr.-Ing. E. Oehler, Aachen
Untersuchung von kritischen Drehzahlen, die durch Kreiselmomente verursacht werden
1956, 50 Seiten, 35 Abb., DM 13,15

HEFT 384
Prof. Dr.-Ing. H. Opitz, Aachen
Schwingungsuntersuchungen an Werkzeugmaschinen
1958, 66 Seiten, 73 Abb., DM 20,40

HEFT 412
Prof. Dr.-Ing. H. Opitz, Aachen
Kennwerte und Leistungsbedarf für Werkzeugmaschinengetriebe
1958, 72 Seiten, 35 Abb., DM 17,20

HEFT 506
Prof. Dr.-Ing. W. Meyer zur Capellen, Aachen
Der Flächeninhalt von Koppelkurven. Ein Beitrag zu ihrem Formenwandel
1958, 74 Seiten, 26 Abb., DM 21,50

HEFT 533
Prof. Dr.-Ing. H. Opitz und Dipl.-Ing. W. Hölken, Aachen
Untersuchung von Ratterschwingungen an Drehbänken
1958, 70 Seiten, 44 Abb., 2 Tabellen, DM 19,70

HEFT 606
Oberbaurat Prof. Dr.-Ing. W. Meyer zur Capellen, Aachen
Eine Getriebegruppe mit stationärem Geschwindigkeitsverlauf
1958, 34 Seiten, 21 Abb., DM 10,50

HEFT 631
Dr. E. Wedekind, Krefeld
Der Einfluß der Automatisierung auf die Struktur der Maschinen- und Arbeiterzeiten am mehrstelligen Arbeitsplatz in der Textilindustrie
1958, 72 Seiten, 32 Abb., 8 Tabellen, DM 21,10

HEFT 667
Prof. Dr.-Ing. H. Opitz und Dipl.-Ing. H. de Jong, Aachen
Schwingungs- und Geräuschuntersuchung an ortsfesten Getrieben
1959, 32 Seiten, 28 Abb., 2 Tabellen, DM 10,30

HEFT 668
Prof. Dr.-Ing. H. Opitz, Dipl.-Ing. G. Ostermann und Dipl.-Ing. M. Gappisch, Aachen
Beobachtungen über den Verschleiß an Hartmetallwerkzeugen
1958, 38 Seiten, 26 Abb., DM 12,—

HEFT 669
Prof. Dr.-Ing. H. Opitz, Dipl.-Ing. H. Uhrmeister und Dipl.-Ing. K. Jüstel, Aachen
Aufbau und Wirkungsweise einer Magnetbandsteuerung
1958, 50 Seiten, 39 Abb., DM 15,—

HEFT 670
Prof. Dr.-Ing. H. Opitz und Dipl.-Ing. W. Backé, Aachen
Untersuchung von Kopiersteuerungen
1959, 70 Seiten, 54 Abb., DM 18,80

HEFT 671
Prof. Dr.-Ing. H. Opitz, Dr.-Ing. R. Piekenbrink und Dipl.-Ing. K. Honrath, Aachen
Untersuchungen an Werkzeugmaschinenelementen
1959, 70 Seiten, 71 Abb., DM 20,—

HEFT 672
Prof. Dr.-Ing. H. Opitz, Dipl.-Ing. H. Heiermann und Dipl.-Ing. B. Rupprecht, Aachen
Untersuchungen beim Innenrundschleifen
1959, 34 Seiten, 50 Abb., DM 11,50

HEFT 673
Prof. Dr.-Ing. H. Opitz, Dipl.-Ing. H. Obrig und Dipl.-Ing. K. Ganser, Aachen
Die Bearbeitung von Werkzeugstoffen durch funkenerosives Senken
1959, 60 Seiten, 41 Abb., 1 Tabelle, DM 18,—

HEFT 676
Prof. Dr.-Ing. W. Meyer zur Capellen, Aachen
Harmonische Analyse bei Kurbeltrieben.
I. Allgemeine Zusammenhänge
1959, 38 Seiten, 10 Abb., DM 11,50

HEFT 695
Dr.-Ing. W. Herding, München
Die Fahrdynamik und das Arbeitsspiel gleisloser Erdbaugeräte als Kalkulationsgrundlage für die Bodenförderung und ihre Kosten
in Vorbereitung

HEFT 718
Prof. Dr.-Ing. W. Meyer zur Capellen, Aachen
Die geschränkte Kurbelschleife
I. Die Bewegungsverhältnisse
1959, 110 Seiten, 54 Abb., DM 29,20

HEFT 764
Prof. Dr.-Ing. H. Opitz, Dr.-Ing. H. Siebel und Dipl.-Ing. R. Fleck, Aachen
Keramische Schneidstoffe
1959, 30 Seiten, 18 Abb., DM 9,80

HEFT 772
Prof. Dr.-Ing. W. Meyer zur Capellen
Nomogramme zur geneigten Sinuslinie
1959, 28 Seiten, 11 Abb., DM 8,50

HEFT 775
Prof. Dr.-Ing. H. Opitz
Automatische Erfassung der Maßabweichung der Werkstücke zum Zweck der selbständigen Korrektur der Maschine
1959, 38 Seiten, 27 Abb., DM 11,40

HEFT 777
Prof. Dr.-Ing. H. Opitz und Dipl.-Ing. P.-H. Brammertz, Aachen
Werkstückgüte und Fertigkeitskosten beim Innen-Feindrehen und Außenrund-Einsteckschleifen
1959, 92 Seiten, 68 Abb., DM 25,30 —

HEFT 788
Prof. Dr.-Ing. Herwart Opitz, Aachen
Der Einsatz radioaktiver Isotope bei Zerspannungsuntersuchungen
In Vorbereitung

HEFT 794
Dipl.-Ing. Reinhard Wilken, Düsseldorf
Das Biegen von Innenborden mit Stempeln
1959, 82 Seiten, DM 22,40

HEFT 801
Baurat Dipl.-Ing. Gesell, Duisburg
Ersatz von Quarzsand als Strahlmittel

HEFT 806
Prof. Dr.-Ing. H. Opitz u. a., Aachen
Untersuchungen von Zahnradgetrieben und Zahnradbearbeitungsmaschinen

HEFT 809
Prof. Dr.-Ing. H. Opitz und Dipl.-Ing. H. H. Herold, Aachen
Untersuchung von elektro-mechanischen Schaltelementen

HEFT 810
Prof. Dr.-Ing. H. Opitz und Dr.-Ing. N. Maas, Aachen
Das dynamische Verhalten von Lastschaltgetrieben
in Vorbereitung

HEFT 811
Prof. Dr.-Ing. H. Opitz und Dipl.-Ing. H. Bürklin, Aachen
Fa. Schoppe & Faeser, Minden, bearbeitet im Auftrage des Forschungsinstitutes für Rationalisierung in Aachen
Über Weggeber für automatisch gesteuerte Arbeitsmaschinen
in Vorbereitung

HEFT 820
Prof. Dr.-Ing. H. Opitz, Dipl.-Ing. H. Rohde und Dipl.-Ing. W. König, Aachen
Untersuchungen der Spanformung durch Spanbrecher beim Drehen mit Hartmetallwerkzeugen
in Vorbereitung

HEFT 830
Prof. Dr.-Ing. H. Opitz und Dipl.-Ing. W. Backé, Aachen
Automatisierung des Arbeitsablaufes in der spanabhebenden Fertigung
in Vorbereitung

HEFT 831
Prof. Dr.-Ing. H. Opitz, Dr.-Ing. H.-G. Rohs und Dr.-Ing. G. Stute, Aachen
Statistische Untersuchungen über die Ausnutzung von Werkzeugmaschinen in der Einzel- und Massenfertigung

---

Ein Gesamtverzeichnis der Forschungsberichte, die folgende Gebiete umfassen, kann bei Bedarf vom Verlag angefordert werden:
Acetylen / Schweißtechnik – Arbeitspsychologie und -wissenschaft – Bau / Steine / Erden – Bergbau – Biologie – Chemie – Eisenverarbeitende Industrie – Elektrotechnik / Optik – Fahrzeugbau / Gasmotoren – Farbe / Papier / Photographie – Fertigung – Gaswirtschaft – Hüttenwesen / Werkstoffkunde – Luftfahrt / Flugwissenschaften – Maschinenbau – Medizin / Pharmakologie / Physiologie – NE-Metalle – Physik – Schall / Ultraschall – Schiffahrt – Textiltechnik / Faserforschung / Wäschereiforschung – Turbinen – Verkehr – Wirtschaftswissenschaften.

If you have any concerns about our products,
you can contact us on
ProductSafety@springernature.com

In case Publisher is established outside the EU,
the EU authorized representative is:
**Springer Nature Customer Service Center GmbH
Europaplatz 3, 69115 Heidelberg, Germany**

Printed by Libri Plureos GmbH
in Hamburg, Germany